DIE FLACHE ERDE

oder

Hundert Beweise dafür, daß die Erde keine Kugel ist

von

William Carpenter

—

FSC
www.fsc.org
MIX
Papier aus ver-
antwortungsvollen
Quellen
Paper from
responsible sources
FSC® C105338

Impressum:
© 2018 Hellmuth K. Nowak (Übers.)
Originaltitel: *ONE HUNDRED PROOFS THAT THE EARTH IS NOT A GLOBE.* Baltimore, 1885.
Herstellung und Verlag: BoD – Books on Demand, Norderstedt.
ISBN: 978-3-75288-852-2

DIE FLACHE ERDE

oder

Hundert Beweise dafür,
daß die Erde keine Kugel ist

von

William Carpenter

Einführung.

„Parallax", der Gründer der „Zetetischen Philosophie", ist
tot; und es wird jetzt vor allem die Pflicht derer, die ihn
persönlich kannten und in der Sache der Wahrheit gegen
den Irrtum mit ihm arbeiteten, die Arbeit wieder aufzu-
nehmen, die ihren Händen überlassen wurde. Dr. Samuel
B. Rowbotham beendete in England, dem Land seiner
Geburt, am 23. Dezember 1884 im Alter von 89 Jahren
seine irdische Arbeit. Er war gewiß einer der klügsten
Männer. Und obwohl seine Arbeit als öffentlicher Dozent
sich auf innerhalb der Grenzen der britischen Inseln be-
schränkte, so sind doch seine veröffentlichten Werke
überall auf der Welt bekannt, und verdienen es, aufzuleben
und erneut veröffentlicht zu werden, wenn Bücher über das
jetzt beliebte System der Philosophie eines Tages nurmehr
als Bündel von Altpapier betrachtet werden. Seit einigen
Jahren hat „Parallax" die Erkenntnisse der Fakten, die die
Grundlage seines Systems formen, ohne die geringste
Anerkennung aus der Zeitungspresse veröffentlicht, bis im
Januar 1849 die Menschen von der „Wilts Independent"
informiert wurden, daß Vorträge ausgeliefert würden von
„einem Herrn, der den Namen ‚Parallax' angenommen

hätte, in denen dieser zu beweisen versuche, daß die moderne Astronomie unvernünftig und widersprüchlich sei"; daß der Vortragende „großes Geschick" zeigen würde, und daß er sich als „gründlich vertraut mit dem Gegenstand in all seinen Bereichen" erwiesen habe. So war der Anfang – das Ende wird nicht so leicht beschrieben sein. Die Wahrheit wird immer Befürworter finden – Menschen, denen die Meinung der Gesellschaft völlig gleichgültig ist, ganz gleich, welche Form sie annehmen mag, da sie wissen, daß sie die Situation überschauen und daß die Vernunft stets der Sieger ist! Im Jahr 1867 wurde „Parallax" als „ein Vorbild von Höflichkeit, Aufgeräumtheit und meisterlicher Debattierfähigkeit" beschrieben. Der Autor der folgenden, hastig aufgestellten Seiten ist stolz darauf, viele angenehme Stunden in der Gesellschaft von Samuel Birley Rowbotham verbracht zu haben.

Eine vollständige Skizze der „Zetetischen Philosophie" kann man unmöglich in einem kleinen Buch ausdrücken; und viele Dinge bleiben notwendigerweise unausgesprochen, die vielleicht hätten berührt werden sollen, die aber in gewissem Maße den festgelegten Plan gestört hätten – der Zusammenfassung in der prägnanten Form der „100 Beweise, daß die Erde keine Kugel ist". Vieles von dem, was die wahre Natur der Erde, auf der wir leben, und der Himmelskörper, die FÜR UNS geschaffen wurden, betrifft, läßt sich indirekt den Argumenten dieser Seiten entnehmen. Der Leser wird gebeten, in dieser Angelegenheit geduldig zu sein und nicht zu erwarten, daß durch die dichten

Wolken der Opposition und der Vorurteile hindurch, die überall umherschweben, eine ganze Flut von Licht auf einmal auf ihn einströmt. Manche Leute müssen sich zuerst alter Ideen entledigen, bevor sie sich neuen widmen können; und dies wird besonders in Bezug auf die Sonne der Fall sein, über die wir von Herrn Proctor gelehrt werden: „Die Kugel der Sonne ist so viel größer als die der Erde, daß nicht weniger als 1.250.000 Kugeln, die so groß wie die Erde wären, benötigt würden, wollte man eine Kugel zusammensetzen, welche so groß wie die Sonne ist." Wir wissen hingegen, da sich zeigt, daß die Sonne sich im Kreis über der Erde bewegt, daß ihre Größe proportional geringer ist. Wir können dann leicht verstehen, daß Tag und Nacht und die Jahreszeiten durch ihre täglichen Umkreisungen in einem konzentrischen Kurs mit dem Norden herbeigeführt werden, deren Ausmaß sich bis Ende Juni verringert und sich bis Ende Dezember vergrößert, wobei die äquatoriale Region der Bereich ist, der von der mittleren Bewegung der Sonne abgedeckt wird.

Wenn nun diese Seiten nur dazu dienen, den Forschergeist zu wecken, wird der Autor zufrieden sein.

Hundert Beweise dafür,
daß die Erde keine Kugel ist.

Wenn der Mensch die Sinne benutzt, die Gott ihm gegeben hat, erlangt er Wissen; wenn er sie nicht benutzt, bleibt er unwissend. Herr R. A. Proctor, der als „der größte Astronom des Zeitalters" bezeichnet wurde, sagt: „Die Erde, auf der wir leben und in der wir uns bewegen, scheint flach zu sein." Damit meint er nicht, daß sie für den Menschen flach zu sein scheint, der die Augen vor der Natur verschließt, oder der nicht im vollen Besitz seiner geistigen Kräfte ist: Nein, er meint den durchschnittlichen, geistig regen Menschen mit gesundem Menschenverstand. Er fährt fort: „Das heißt, obwohl es Hügel und Täler auf ihrer Oberfläche gibt, scheint sie dennoch zu allen Seiten auf ein und derselben allgemeinen Ebene zu liegen." Wiederum sagt er: „Es scheint uns nichts daran zu hindern, in jeder Richtung, so weit wir wollen, im Kreis, der Horizont genannt wird, wo der Himmel die Ebene der Erde zu treffen scheint, um uns herum zu reisen." „Die Ebene der Erde!" Herr Proctor weiß genau, worüber er spricht, denn das Buch, aus dem wir seine Worte entnehmen, „Lektionen in grundlegender Astronomie", wurde, wie er sagte, geschrieben, „um den Anfänger gegen die verfänglichen Einwände zu schützen, die von Zeit zu Zeit gegen akzeptierte astronomische Theorien vorgebracht wurden.“ Diese Dinge, die verteidigt werden müssen, sind also jene „akzeptierten astronomischen Theorien!“ Es ist nicht die Wahrheit, die man gegen die Angriffe des Irrtums verteidigen soll – Oh, nein: bloße „Theorien“, ob wahr oder falsch, weil sie „akzeptiert“ wurden! Akzeptiert! Sie wurden akzeptiert, weil man dachte, daß es sich nicht lohnte, sie überhaupt anzusehen. Sir John Herschel sagt: „Wir sollten von Anfang an das kopernikanische System der Welt für selbstverständlich halten.“ Ihm war es egal, ob es das richtige oder ein falsches System war, sonst hätte er das nicht getan: Er hätte es sich genauer angesehen. Aber fürwahr, die Theorien sind akzeptiert, und natürlich sind die Menschen, die sie akzeptiert haben, auch diejenigen, die sie verteidigen werden, soweit sie nur können. Also versucht Richard A. Proctor sich daran; und wir werden sehen, wie es ihm mißlingt. Sein Buch wurde ohne irgendeine Datumsangabe veröffentlicht. Aber es gibt interne Hinweise, die diese Angelegenheit genau genug festlegen. Wir lesen von der Durchführung der Experimente des gefeierten Wissenschaftlers Alfred R. Wallace, um die „Konvexität“ der Oberfläche stehenden Wassers zu beweisen, die er im März 1870 durchführte, um fünfhundert Pfund von John Hampden, Esq., aus Swindon, England, zu gewinnen, der diese Summe auf die Überzeugung hin gesetzt hatte, daß die besagte Oberfläche immer eine ebene sei. Herr Proctor

sagt: „Das Experiment wurde in letzter Zeit auf eine sehr
amüsante Weise versucht." In oder um das Jahr 1870 also
schrieb Herr Proctor sein Buch; und obwohl er die Details
des Experiments nicht kannte, wußte er natürlich alles
darüber. Und ob der „amüsante" Teil der Sache die Tatsache war, daß Herr Wallace fälschlicherweise die fünfhundert Pfund beanspruchte und sie bekam, oder daß Herr
Hampden das Opfer einer falschen Behauptung war, ist
schwer zu sagen. Die „Art und Weise", auf die das Experiment durchgeführt wurde, ist im Grunde genommen genau
jene, in der Herr Proctor sagt, es „versucht werden kann".
Er sagt jedoch, daß die im Experiment angewandte Entfernung „drei oder vier Meilen" betragen sollte. Nun nahm
Herr Wallace sechs Meilen zu seinem Experiment, und war
nicht imstande, zu beweisen, daß es eine „Krümmung" gibt,
dennoch verlangte er das Geld und bekam es. Da würde es
gewiß „amüsant" sein, wenn irgend jemand erwartet, die
„Krümmung der Erde" in drei oder vier Meilen zeigen zu
können, wie Herr Proctor dies vorschlägt! Ach, es ist
lächerlich. Aber „der größte Astronom des Zeitalters" sagt,
daß die Sache bewiesen werden kann! Und er gibt ein
Diagramm dazu an, in dem er zeigt: „Wie die Rundung der
Erde mit Hilfe von drei Booten auf einer großen Wasser-
fläche bewiesen werden kann." (Drei oder vier Meilen)
Aber obwohl die akzeptierten astronomischen Theorien in
alle Windrichtungen ausgestreut werden, unterstellen wir
Herr Proctor, daß er das Experiment mit den drei Booten
nie gemacht hat, oder daß, wenn er es getan hat, das

Experiment NICHT bewiesen hat, was er behauptet. Akzeptierte Theorien, tatsächlich! Sollen sie mit Absurdität und Falschheit aufgepolstert werden? Nun, wenn es möglich wäre, die zwei Enden einer vier Meilen langen Wasserstrecke auf einer Ebene zu zeigen, wobei der mittlere Teil dieses Wassers nach oben gewölbt wäre, wäre die Oberfläche der Erde eine Folge von Vier-Meilen-Kurven! Aber Herr Proctor sagt: „Wir können drei Boote in einer Linie auf das Wasser setzen, wie bei A, B und C. Dann, wenn in diesen Booten gleiche Masten aufgerichtet werden, und wir, wie gesagt, ein Teleskop aufstellen, so werden wir, wenn wir hindurchschauen, die Spitzen der Masten von A und C sehen, und feststellen, daß die Spitze des Mastes B über der Sichtlinie liegt." Nun ist es aber so: Herr Proctor weiß, oder er sollte es zumindest wissen, daß wir nichts dergleichen feststellen werden! Wenn er das Experiment jemals versucht hat, weiß er, daß die drei Masten in einer geraden Linie liegen werden, genau wie der gesunde Menschenverstand es sagt. Wenn er das Experiment nicht versucht hat, sollte er es aber versucht haben, oder zumindest die Ergebnisse von Experimenten derjenigen berücksichtigt haben, die ähnliche Experimente mehrere Male angestellt haben. Herr Proctor mag das Dilemma angehen, wie er will: Er liegt so falsch wie man nur falsch liegen kann. Er erwähnt keine Namen, aber er sagt: „Eine Person hatte ein Buch geschrieben, in dem sie sagte, daß sie ein solches Experiment wie das oben genannte versuchte und festgestellt hätte, daß die Wasseroberfläche nicht gekrümmt war." Diese Person war „Parallax", der Gründer der Zetetischen Philosophie. Er fährt fort: „Eine andere Person scheint der ersten geglaubt zu haben und wurde so sehr davon überzeugt, daß die Erde flach ist, daß sie eine große Geldsumme darauf setzte, daß, wenn drei Boote wie beschrieben plaziert würden, das mittlere nicht über der Linie läge, die die beiden anderen verbindet." Diese Person war John Hampden. Herr Proctor sagt: „Zu seinem Unglück stimmte jemand mit mehr Verstand seiner Wette zu und gewann natürlich sein Geld." Nun, der „jemand, der mehr Verstand hatte" war Herr Wallace. Proctor sagt weiter: „Er (Hampden) war ziemlich wütend; und es ist seltsam, daß er nicht wütend auf sich selbst war, weil er so töricht war, oder auf die Person, die sagte, daß er das Experiment versuchen sollte (und ihn so in die Irre führte), sondern auf die Person, die sein Geld gewonnen hatte!" Hieran sehen wir, daß Herr Proctor klug genug ist, nicht zu sagen, daß die Experimente, die von „Parallax" durchgeführt wurden, nur Vorstellungen waren, oder daß sie falsch wiedergegeben wurden; und es wäre gut, wenn er auch klug genug wäre, seine Leser nicht glauben zu machen, daß das eine oder das andere dieser Dinge die Wahrheit ist: Aber jetzt gibt es den Old Bedford Canal; und es gibt zehntausend Orte, an denen das Experiment versucht werden kann! Wer sind also die „törichten" Leute? Diejenigen, die den Aufzeichnungen von Experimenten, die Wahrheitssuchende gemacht haben, „glauben" oder diejenigen, die ihre Augen davor verschließen, die Aufzeichnung anzweifeln, die Leiter der Experimente der Unehrlichkeit beschuldigen, niemals ähnliche Experimente selbst durchführen, und das Ergebnis solcher Experimente so und so zu sein erklären, wo doch die Behauptung von jedermann mit einem Fernrohr in vierundzwanzig Stunden als falsch bewiesen werden kann?

Herr Proctor: – Die Kugelgestalt der Erde KANN NICHT in der Art bewiesen werden, in der Sie uns sagen, daß sie es „kann"! Wir raten Ihnen, daß Sie Ihre Worte zurücknehmen und sie auf der Grundlage der Wahrheit umgestalten. Solche sorglosen Falschdarstellungen von Tatsachen sind eine Schande für die Wissenschaft – sie sind die Schande der heutigen theoretischen Wissenschaft! Herr Blackie sagt in seiner Arbeit über „Selbsterziehung": „Jede schwache und oberflächliche Arbeit ist in der Tat eine Lüge, für die man sich schämen sollte." Daß die Erde eine ausgedehnte Ebene ist, die sich vom zentralen Norden aus, über dem stets der Nordstern hängt, in alle Richtungen erstreckt, ist eine Tatsache, die alle Falschheiten, die man mit ihrem toten Gewicht auf sie wirft, niemals umstürzen wird: Es ist Gottes Wahrheit, in dessen Gesicht jedoch der Mensch die Macht hat, überall mit seinen unreinen Händen herumzusudeln. Herr Proctor sagt: „Wir lernen aus der Astronomie, daß all diese Ideen, so natürlich sie auch scheinen mögen, falsch sind." Die natürlichen Ideen und Schlußfolgerungen und experimentellen Ergebnisse des Menschen müssen dann durch – was verworfen werden? Durch die „Astronomie?" Durch ein Ding ohne Seele – eine bloße theoretische Abstraktion, den geistigen Erguß des Träumers? Niemals! Der größte Astronom dieses Zeitalters ist nicht der Mensch, der nichts weiter kann, als zu versuchen, das Geschäft zu verwalten. „Wir stellen fest", sagt Herr Proctor, „daß die Erde nicht flach ist, sondern eine Kugel; nicht feststehend, sondern in sehr schneller Bewegung sich befindend; nicht viel größer als der Mond, und viel kleiner als die Sonne und die größere Anzahl der Sterne."

Zuerst, Herr Proctor, sagen Sie uns, WIE Sie feststellen, daß die Erde nicht flach ist, sondern eine Kugel! Es ist unwichtig, daß „wir feststellen", daß es so in dem Konglomerat von Vermutungen geschrieben steht, die Sie verteidigen wollen. Die Frage ist: Was ist der Beweis dafür? Wo kann dieser hergenommen werden? „Die Erde, auf der wir leben und uns bewegen, scheint flach zu sein", sagen Sie uns: Wo liegt dann der Fehler? Wenn die Erde zu sein scheint, was sie nicht ist, wie sollen wir dann unserem Verstand vertrauen? Und wenn gesagt wird, daß wir das nicht können, sollen wir es dann glauben, und zustimmen, daß wir auf eine niedrigere Stufe gesetzt werden als die Tiere? Nein, mein Herr: Wir fordern Sie heraus, wie wir es schon oft getan haben, aus der Welt der Fakten um Sie herum den geringsten Beweis für die Rundheit der Erde zu erbringen. Sie haben uns die eben zitierte Aussage gegeben, und wir haben das Recht, einen Beweis zu verlangen; und wenn dies nicht geschieht, haben wir die Pflicht, das absurde Dogma als schlimmer als eine Absurdität – als einen BETRUG – anzuprangern und zwar als einen Betrug, der der göttlichen Offenbarung entgegensteht! Nun denn, Herr Proctor, wenn wir einen Beweis für die Rundheit der Erde (oder das offene Eingeständnis Ihrer Fehler) verlangen, sind wir versucht, Sie zu verspotten, indem wir Ihnen sagen, daß es völlig außerhalb Ihrer Macht steht, einen zu produzieren; und wir sagen Ihnen auch, daß Sie es noch nicht einmal wagen werden, Ihren Finger zu heben, um uns auf die sogenannten Beweise in den heutigen Schulbüchern zu verweisen, denn Sie kennen das Ausmaß der Absurdität, aus dem sie bestehen, und wie schändlich es ist, ihnen zu erlauben, als falsche Führer des jugendlichen Geistes bestehen zu bleiben!

Herr Proctor: Wir behaupten, daß Sie, während Sie die Theorie von der Rundheit und Beweglichkeit der Erde lehren, WISSEN, daß sie eine Ebene ist; und hier folgt der Grund der Behauptung. Auf Seite 7 in Ihrem Buch, zeigen Sie ein Diagramm der „Oberfläche, auf der wir leben" und des „vermeintlichen Globus" – der vermeintlichen „Hohlkugel" – des Himmels, der über diese Oberfläche gewölbt ist. Nun, Herr Proctor, Sie stellen sich die Oberfläche vor, auf der wir leben, genau nach Ihrer verbalen Beschreibung. Und wie lautet diese Beschreibung? Man wird es uns kaum glauben, wenn wir sagen, daß wir es genau so wiedergeben, wie es dort steht: „Die Ebene der Oberfläche, auf der wir leben." Und damit es keinen Fehler bei der Bedeutung des Wortes „Ebene" gibt, erinnern wir Sie daran, daß Ihr Diagramm beweist, daß die Ebene, die Sie meinen, die Ebene der Mechanik ist, eine ebene Fläche und nicht die „Ebene" des Astronomen, die eine gewölbte Oberfläche ist! Kurz gesagt, Ihre Beschreibung der Erde entspricht genau dem, wie Sie es nennen, was sie „zu sein scheint", und dennoch behaupten Sie, daß sie es nicht ist: diese Aussage ist geradezu das Ziel Ihres Buches! Und wir nennen das die Prostitution der Druckerpresse. Und das sind auch schon alle Beweise, die notwendig sind, um sie ihnen vorzuhalten, da die Wörter und das Diagramm auf Seite 7 Ihres eigenen Buches geschrieben stehen. Sie wissen also, daß die Erde eine Ebene ist – und wir wissen es auch.

Nun zum Beweis dieser großartigen Tatsache, damit andere Leute es genauso gut wissen wie Sie: Wir erinnern uns, daß Sie es von Anfang bis zum Ende nicht gewagt haben, einen einzigen Gegenstand aus der Masse der Beweise hervorzubringen, die in der „Zetetischen Philosophie" von „Parallax" gefunden werden, einem Werk, dessen Einfluß es war, der Sie so sehr störte, daß Sie Ihr eigenes Buch schrieben! – außer dem der drei Boote, einem Experiment, das Sie nie versucht haben, und dessen Ergebnis bei allen, die es versucht haben, niemals so gewesen ist, wie Sie behaupten!

Hundert Beweise dafür,
daß die Erde keine Kugel ist.

1.

Der Luftfahrer kann sich selbst davon überzeugen, daß die Erde eine Ebene ist. Das Erscheinungsbild, das sich ihm darstellt, selbst aus der höchsten Höhe, die er je erreicht hat, ist das einer konkaven Fläche – genau das ist von einer Fläche zu erwarten, die wirklich eben ist, denn es liegt in der Natur ebener Flächen, scheinbar auf ein Niveau mit dem Auge des Betrachters steigen. Dies ist eine okulare Demonstration und der Beweis dafür, daß die Erde keine Kugel ist.

2.

Wann immer Versuche an der Oberfläche von stehendem Wasser durchgeführt wurden, war diese Oberfläche stets eben. Wenn die Erde eine Kugel wäre, wäre die Oberfläche aller stehenden Gewässer gewölbt. Dies ist ein experimenteller Beweis dafür, daß die Erde keine Kugel ist.

3.

Die Arbeiten der Vermesser beim Bau von Eisenbahnen, Tunneln oder Kanälen werden ohne die geringste „Zulage" für eine „Krümmung" durchgeführt, obwohl gelehrt wird, daß diese sogenannte Zulage absolut notwendig ist! Dies ist ein schlagender Beweis dafür, daß die Erde keine Kugel ist.

4.

Es gibt Flüsse, die hunderte von Meilen in Richtung des Meeresspiegels fließen, ohne mehr als ein paar Fuß abzufallen – besonders der Nil, der in 1.000 Meilen nur ein Fuß abfällt. Eine ebene Ausdehnung dieses Ausmaßes ist mit der Idee der „Konvexität" der Erde völlig unvereinbar. Es ist daher ein vernünftiger Beweis dafür, daß die Erde keine Kugel ist.

5.

Die Lichter, die von Leuchttürmen ausgehen, werden von Seefahrern in Entfernungen gesehen, in denen sie entsprechend der von Astronomen gegebenen Skala der angenommenen „Krümmung" in einigen Fällen viele hundert Fuß unterhalb der Sichtlinie wären! Zum Beispiel: Das Licht am Kap Hatteras ist in einer solchen Entfernung (40 Meilen) zu sehen, daß es, gemäß der Theorie, um sichtbar zu sein, neunhundert Fuß höher über dem Meeresspiegel liegen müßte, als es dies tut! Dies ist ein schlüssiger Beweis dafür, daß es keine „Krümmung" auf der Meeresoberfläche gibt – „dem Meeresniveau" – es ist lächerlich, wenn auch notwendig, es zu beweisen. Aber es ist dennoch ein überzeugender Beweis dafür, daß die Erde keine Kugel ist.

6.

Wenn wir an der Meeresküste am Strand stehen und sehen, wie sich ein Schiff uns nähert, werden wir feststellen, daß es sich scheinbar „erheben" wird – im Ausmaß seiner eigenen Größe, nichts weiter. Wenn wir auf einer Erhebung stehen, wirkt das gleiche Gesetz; und es ist nur das Gesetz der Perspektive, das bewirkt, daß Objekte, wenn sie sich uns nähern, größer zu werden scheinen, bis wir sie aus der Nähe in der Größe sehen, in der sie tatsächlich sind. Daß es keinen anderen „Aufstieg" gibt als den erwähnten, erhellt sich aus der Tatsache, daß, egal wie hoch wir uns über den Meeresspiegel erheben, der Horizont immer weiter und weiter mit uns aufsteigt, so daß er immer in einer Ebene mit dem Auge ist, auch wenn er zweihundert Meilen weit entfernt ist, wie dies Herr J. Glaisher aus England aus Herr Coxwells Ballon heraus gesehen hat. So kann man sich bei einem fünf Meilen weit entfernten Schiff vorstellen, daß es die imaginäre Abwärtskurve der Erdoberfläche „heraufkommt", aber wenn wir nur einen Hügel wie Federal Hill, Baltimore[1], aufsteigen, sehen wir vielleicht fünfundzwanzig Meilen entfernt auf einer Ebene mit dem Auge – das heißt, eine Entfernung von 20 Meilen über das Schiff hinaus, von dem wir uns vorgestellt hatten, daß es „die Kurve umrundete" und „herauf!" käme.

---

[1] Ca. 15 Meter über dem Meeresspiegel.

Dies ist ein klarer Beweis dafür, daß die Erde keine Kugel ist.

7.

Wenn wir tagsüber eine Reise durch die Chesapeake Bay unternehmen, können wir uns den völligen Irrtum der Vorstellung vor Augen führen, daß, wenn ein Schiff „Rumpf unten" (wie es genannt wird) zu sein scheint, es so wäre, weil der Rumpf „hinter dem Wasser" ist. Denn es sind schon Schiffe gesehen worden, und werden oft wieder gesehen werden, die solchermaßen erschienen, und in der Ferne – weit in der Ferne – hinter diesen Schiffen liegend, erhob sich im selben Moment die ebene Uferlinie, mit ihrem Bewuchs von hohen Bäumen perspektivisch über die Spitze der „Rumpf unten" Schiffe hinausragend! Da die Idee sich nicht behaupten wird, wenn sich die Tatsachen dagegen erheben, und es ein Stück der populären Theorie ist, so ist die Theorie zu verwerfen, und wir können daraus leicht einen Beweis gewinnen, daß die Erde keine Kugel ist.

8.

Wenn die Erde ein Globus wäre, wäre ein kleiner Modellglobus die beste – und die wahrheitsgetreueste – Karte für den Navigator, um sie mit auf See zu nehmen. Aber so etwas ist nicht bekannt: Mit solch einem Spielzeug als Führer würde der Seemann sein Schiff mit Sicherheit zerstören! Dies ist ein Beweis dafür, daß die Erde keine Kugel ist.

9.

Da Seeleute Karten mitnehmen, wenn sie in See stechen (da sie finden, daß sie ihren Zweck ziemlich gut erfüllen), die so konstruiert sind, als ob das Meer eine ebene Oberfläche wäre, wenn sich auch diese Diagramme hinsichtlich der wahren Form dieser ebenen Fläche als Ganzes irren können (und nur ziemlich gut, denn viele Schiffe sind durch den Irrtum, von dem wir sprechen, zerstört worden), ist es klar, daß die Oberfläche des Meeres so ist, wie sie erwartet wird, ob der Kapitän des Schiffes nun „annimmt", daß die Erde eine Kugel oder irgend etwas anderes ist. So ziehen wir aus dem gemeinsamen System des „ebenen Segelns" einen praktischen Beweis dafür, daß die Erde keine Kugel ist.

10.

Daß der Kompaß der Seefahrer gleichzeitig nach Norden und Süden zeigt, ist eine so unbestreitbare Tatsache, wie daß zwei und zwei vier sind. Daß dies aber eine Unmöglichkeit wäre, wenn das Ding auf einen Globus mit „Norden" und „Süden" in der Mitte der gegenüberliegenden Hemisphären gesetzt würde, ist eine Tatsache, die in den Schulbüchern nicht erscheint, obwohl sie sehr offensichtlich ist: und es erfordert keine langwierige Argumentationskette, um einen schlüssigen Beweis dafür zu erbringen, daß die Erde keine Kugel ist.

11.

Da der Kompaß der Seefahrer gleichzeitig nach Norden und Süden zeigt und der Norden, von dem er angezogen wird, der Teil der Erde ist, wo sich der Nordstern im Zenit befindet, folgt daraus, daß es keinen südlichen „Punkt" oder „Pol" gibt, sondern daß, während das Zentrum der Norden ist, ein großer Umkreis in seiner ganzen Ausdehnung der Süden sein muß. Dies ist ein Beweis dafür, daß die Erde keine Kugel ist.

12.

Wie wir gesehen haben, gibt es nicht wirklich einen Südpunkt (oder Pol), sondern eine Unendlichkeit von Punkten, die zusammen einen großen Umkreis bilden – die Grenze der bekannten Welt mit ihren Zinnen aus Eisbergen, die dem Menschen auf seinem Kurs in südlicher Richtung trotzen – und daher kann es auch keine Ost- oder West-"Punkte" geben. Tatsächlich gibt es einen Punkt, der fixiert ist (der Norden). Es ist unmöglich, daß irgendein anderer Punkt gleich festgelegt wird. Osten und Westen sind daher nur Richtungen im rechten Winkel mit einer Nord- und Südlinie: und wie der Südpunkt des Kompasses sich um alle Teile der kreisförmigen Grenze verschiebt, (wie er um den zentralen Norden getragen werden kann), so setzen sich die Richtungen Ost und West, die diese Linie kreuzen, fort, und bilden bei jedem Breitengrad einen Kreis. Eine westliche Umrundung ist daher eine Runde mit dem stets auf der rechten Seite liegenden

Nordstern, und eine östliche Umrundung wird nur durchgeführt, wenn der umgekehrte Zustand der Dinge aufrechterhalten wird, wobei der Nordstern auf der linken Seite ist. Diese Tatsachen bilden zusammen einen schönen Beweis dafür, daß die Erde keine Kugel ist.

13.

Da der Kompaß der Schiffer gleichzeitig nach Norden und Süden zeigt und ein Meridian eine Nord- und Südlinie ist, können Meridiane nichts anderes als Geraden sein. Da aber alle Meridiane auf einem Globus Halbkreise sind, ist dies ein unwiderlegbarer Beweis dafür, daß die Erde keine Kugel ist.

14.

Nur die „parallelen Breitengrade"– von allen imaginären Linien auf der Oberfläche der Erde – sind Kreise, die progressiv vom nördlichen Zentrum zum südlichen Umfang zunehmen. Der Kurs des Seefahrers in Richtung irgendeines dieser konzentrischen Kreise ist sein Längengrad, dessen Grade so weit über den Äquator (nach Süden) HINAUSGEHEN, daß Hunderte von Schiffen wegen der falschen Idee zerstört wurden, die durch die Unwahrhaftigkeit der Karten und der Kugeltheorie der Erde zusammengenommen entstand, und welche den Seemann dazu bringt, ständig aus seiner Berechnung herauszukommen. Mit einer Karte der Erde in ihrer wahren Form werden alle Schwierigkeiten beseitigt, und Schiffe können überallhin

mit vollkommener Sicherheit geführt werden. Dies ist ein
sehr wichtiger praktischer Beweis dafür, daß die Erde keine
Kugel ist.

15.

Die Idee, daß, anstatt horizontal um die Erde zu segeln,
Schiffe auf einer Seite eines Globus heruntergeführt werden, dann unten entlangfahren, und auf der anderen Seite
wieder heraufgebracht werden, um wieder nach Hause zu
kommen, ist nichts als ein bloßer Traum, unmöglich und
absurd! Und da es in der einfachen Angelegenheit der Umrundung weder Unmöglichkeiten noch Absurditäten gibt,
ist dies ohne weitere Argumentierung ein Beweis dafür, daß
die Erde keine Kugel ist.

16.

Wenn die Erde eine Kugel wäre, könnte die Entfernung
um ihre Oberfläche bei, sagen wir, 45 Grad südlicher Breite
unmöglich größer sein als auf der gleichen nördlichen
Breite. Da aber von Seefahrern befunden wird, daß es die
doppelte Entfernung ist – um es gelinde auszudrücken –
oder doppelt so groß, wie es nach der Kugeltheorie sein
sollte, ist es ein Beweis dafür, daß die Erde keine Kugel ist.

17.

Die Menschen benötigen eine Oberfläche, auf der sie leben
können, die in ihrem allgemeinen Charakter EBEN sein
soll; und da der allwissende Schöpfer die Bedürfnisse seiner

Geschöpfe vollkommen kennt, folgt daraus, daß Er als allweiser Schöpfer sie gründlich erfüllt hat. Dies ist ein theologischer Beweis dafür, daß die Erde keine Kugel ist.

18.

Die besten Besitztümer des Menschen sind seine Sinne; und wenn er sie alle benutzt, wird er in seiner Naturbeobachtung nicht getäuscht werden. Nur wenn die eine oder andere Fähigkeit vernachlässigt oder mißbraucht wird, wird er getäuscht. Jeder Mensch, der im Vollbesitz seiner Sinne ist, weiß, daß eine ebene Fläche eine flache oder horizontale ist; aber Astronomen sagen uns, daß das wahre Niveau die gekrümmte Oberfläche einer Kugel ist! Sie wissen, daß der Mensch eine ebene Oberfläche benötigt, auf der er leben kann, also geben sie ihm eine, die dies nur dem Namen nach, aber eigentlich keine ist! Da dies das Beste ist, was Astronomen mit ihrer theoretischen Wissenschaft für ihre Mitgeschöpfe tun können – sie zu täuschen –, ist es klar, daß die Dinge nicht so sind, wie sie behaupten; und, kurz gesagt, es ist ein Beweis dafür, daß die Erde keine Kugel ist.

19.

Jeder Mensch, der seine Sinne beisammen hat, geht den vernünftigsten Weg, um etwas zu tun. Nun, Astronomen (einer nach dem anderen – einem Anführer folgend) schneiden, während sie uns sagen, daß die Erde eine Kugel ist, in ihren Büchern die obere Hälfte dieser vermuteten Kugel ab und bilden auf diese Weise die ebene Oberfläche, auf der sie den Menschen als lebendig und sich bewegend beschreiben! Wenn nun die Erde wirklich eine Kugel wäre, wäre dies einfach die unvernünftigste und selbstmörderischste Art zu versuchen sie darzustellen. Wenn die theoretischen Astronomen nicht alle von Sinnen sind, ist das eindeutig ein Beweis dafür, daß die Erde keine Kugel ist.

20.

Der gesunde Menschenverstand sagt dem Menschen – wenn ihm niemand etwas anderes gesagt hat –, daß es in der Natur ein „Oben" und ein „Unten" gibt, selbst in Bezug auf den Himmel und die Erde; aber die Theorie der modernen Astronomen erfordert die Schlußfolgerung, daß es dies nicht gibt: deshalb läuft die Theorie der Astronomen dem gesunden Menschenverstand – ja, und dem menschlichen Geist – entgegen, und das ist ein Beweis des gesunden Menschenverstandes, daß die Erde keine Kugel ist.

21.

Die Erfahrung des Menschen sagt ihm, daß er nicht wie die Fliegen konstruiert ist, die sich ebenso sicher, wie sie auf dem Boden leben, auch an der Decke eines Raumes bewegen können. Und da die moderne Theorie einer planetaren Erde eine Menge Theorien in ihrer Gesellschaft benötigt, und eine von ihnen ist, daß die Menschen wirklich durch eine Kraft an die Erde gebunden sind, die sie „wie Nadeln um einen Magneten" daran befestigt (eine vollkommen

(26)

unerhörte Theorie und entgegen aller menschlichen Erfahrung), folgt daraus, daß wir, wenn wir nicht den gesunden Menschenverstand mit Füßen treten und die Lehren der Erfahrung ignorieren wollen, einen offensichtlichen Beweis dafür haben, daß die Erde keine Kugel ist.

22.

Gottes Wahrheit braucht nie – nein, niemals – eine Falschheit, um sich auszuhelfen. Herr Proctor sagt in seinen „Lektionen", daß Menschen „die Erde in verschiedene Richtungen umkreisen konnten." In diesem Fall wird das Wort „verschiedene" zweifellos mehr als zwei umfassen: dabei ist es absolut unmöglich, die Erde in irgendeiner anderen als einer östlichen oder einer westlichen Richtung zu umfahren; und die Tatsache ist vollkommen konsistent und klar bezüglich der Erde als einer Ebene. Jetzt, da Astronomen nicht so töricht wären, eine gute Sache durch falsche Darstellung zu beschädigen, ist es ein mutmaßlicher Beweis dafür, daß ihre Sache eine schlechte ist, und – ein Beweis dafür, daß die Erde keine Kugel ist.

23.

Wenn astronomische Werke durch und durch untersucht werden, wird sich kein einziges Beispiel einer kühnen, bedenkenlosen oder standhaften Aussage finden, die einen Beweis der „Rundung" der Erde liefert. Proctor spricht von „Beweisen, die zeigen ... daß die Erde nicht flach ist", und sagt, daß der Mensch „Grund zu der Annahme hat, daß die Erde nicht flach ist", und spricht von bestimmten Dingen, die „durch die Vermutung erklärt" werden, daß die Erde eine Kugel ist; und sagt, daß die Leute „sich versichert haben, daß sie eine Kugel ist"; aber er sagt auch, daß es einen „vollständigsten Beweis gibt, daß die Erde eine Kugel ist", so als ob nichts auf der Welt wichtiger als jener Beweis sein könnte – ein Beweis, der die ganze Frage löst und beweist. Diesen könnte man jedoch selbst mit dem gesamten Geld des Finanzministeriums der Vereinigten Staaten nicht kaufen; und wenn die Astronomen nicht alle so reich sind, daß sie das Geld nicht wollen, ist das ein gesicherter Beweis dafür, daß die Erde keine Kugel ist.

24.

Wenn ein Mann von einer „vollständigsten" Sache unter mehreren anderen Dingen spricht, die behaupten, das zu sein, was diese Sache ist, ist es offensichtlich, daß sie etwas unterschreiten müssen, was die „vollständigste" Sache besitzt. Und wenn bekannt ist, daß die „vollständigste" Sache völlig versagt, ist es klar, daß die anderen allesamt wertlos sind. Proctors „vollständigster Beweis dafür, daß die Erde eine Kugel ist" liegt darin, was er „die Tatsache" nennt, daß Entfernungen von Ort zu Ort mit der Berechnung übereinstimmen. Aber da die Entfernung um die Erde 45 Grad südlich des Äquators doppelt so groß ist wie auf einer Kugel, folgt daraus, daß das, was der größte Astronom dieses Zeitalters „eine Tatsache" nennt, KEINE

Tatsache ist; daß sein „vollständigster Beweis" ein vollkommener Fehler ist; und er hätte uns gleichfalls sagen können, daß er KEINEN BEWEIS hat, den er uns geben könnte. Wenn nun die Erde eine Kugel wäre, gäbe es um uns herum notwendigerweise massenhaft Beweise darüber, woraus folgt, daß, wenn Astronomen mit ihrem ganzen Einfallsreichtum völlig unfähig sind, uns einen einzigen zu zeigen – ganz davon zu schweigen, einen davon herauszustellen – daß sie uns damit einen Beweis dafür geben, daß die Erde keine Kugel ist.

25.

Die Pläne der Vermessungsingenieure in Bezug auf die Verlegung des ersten Telegraphenkabels über den Atlantischen Ozean zeigen, daß die Oberfläche des Atlantischen Ozeans – von Valentia, Irland, bis St. Johns, Neufundland – auf einer Länge von 1665 Meilen eine EBENE Fläche ist – und damit meine ich nicht das „eben" der Astronomen! Die maßgeblichen Zeichnungen, die damals veröffentlicht wurden, sind ein bleibendes Zeugnis und bilden einen praktischen Beweis dafür, daß die Erde keine Kugel ist.

26.

Wenn die Erde eine Kugel wäre, würde sie, wenn wir Valentia als den Ausgangspunkt nehmen, in den 1665 Meilen über den Atlantik nach Neufundland, nach den eigenen Tabellen der Astronomen, sich mehr als dreihundert Meilen nach unten krümmen; da aber die Oberfläche des Atlantiks dies nicht tut – die Tatsache ist durch die Pegelmesser der Telegraphenkabel-Vermessungsingenieure eindeutig bewiesen – folgt daraus, daß wir einen großartigen Beweis dafür haben, daß die Erde keine Kugel ist.

27.

Die Astronomen haben bei ihrer Betrachtung der vermeintlichen „Krümmung" der Erde sorgfältig vermieden, jene Betrachtungsweise der Frage zu übernehmen, die – wenn überhaupt etwas dazu nötig wäre – ihre völlige Absurdität zeigen würde. Es ist diese: – Wenn wir nicht unseren idealen Ausgangspunkt in Valentia nehmen, stellen wir uns vor, wir seien in St. John's. Die 1665 Meilen Wasser zwischen uns und Valentia würden sich ebenso nach unten „krümmen" wie in dem anderen Fall! Da nun die Richtung, in der die Erde sich „krümmt", austauschbar ist – in der Tat abhängig von der Position, die ein Mensch auf seiner Oberfläche einnimmt – ist diese Sache völlig absurd; und es folgt, daß die Theorie ein Skandal ist, und daß die Erde sich überhaupt nicht „krümmt": ein offensichtlicher Beweis dafür, daß die Erde keine Kugel ist.

28.

Astronomen haben die Angewohnheit, zwei Punkte auf der Erdoberfläche zu betrachten, ohne, wie es scheint, irgendeine Grenze hinsichtlich der Entfernung, die zwischen

(30)

ihnen liegt. Sie glauben, daß die beiden Punkte auf einer Ebene legen, und betrachten den dazwischenliegenden Bereich, obwohl es ein Ozean ist, als einen großen „Hügel" – aus Wasser! Der Atlantische Ozean würde bei dieser Betrachtungsweise einen „Wasserhügel" von mehr als hundert Meilen Höhe bilden! Die Idee ist einfach monströs und kann nur von Wissenschaftlern unterhalten werden, deren ganzes Geschäft aus Materialien der gleichen Art besteht: und es bedarf keines Argumentes, um aus dieser „Wissenschaft" einen befriedigenden Beweis daraus abzuleiten, daß die Erde keine Kugel ist.

29.

Wenn die Erde eine Kugel wäre, hätte sie ohne Zweifel die gleichen allgemeinen Eigenschaften – unabhängig von ihrer Größe – wie ein kleiner Globus, der auf dem Tisch stehen könnte. Da der kleine Globus ein Oben, ein Unten und Seiten hat, muß auch der große sie haben – ganz gleich wie groß er ist. Aber da die Erde, die angeblich ein großer Globus sein soll, keine Seiten und kein Unten wie der kleine Globus hat, ist die Schlußfolgerung, daß es ein Beweis dafür ist, daß die Erde keine Kugel ist.

30.

Wenn die Erde eine Kugel wäre, müßte ein Beobachter, der über ihre Oberfläche aufsteigen sollte, nach unten auf den Horizont schauen (wenn überhaupt ein Horizont unter solchen Umständen denkbar ist), wie astronomische

Diagramme zeigen – bei unterschiedlichen Winkeln von zehn bis fast fünfzig Grad unter der „horizontalen" Sichtlinie! (Es ist ebenso absurd, als würde gelehrt werden, daß wir, wenn wir einem Mann direkt ins Gesicht sehen, in Wahrheit auf seine Füße herabsehen!). Aber da kein Beobachter in den Wolken oder auf irgendeiner Erhebung auf der Erde dies jemals tun mußte, so folgt daraus, daß die dargestellten Diagramme erdacht und falsch sind; daß die Theorie, die solche Dinge benötigt, um sie zu stützen, gleichermaßen substanzlos und unwahr ist; und daß wir einen substantiellen Beweis dafür haben, daß die Erde keine Kugel ist.

31.

Wenn die Erde eine Kugel wäre, müßte sie sicherlich so groß sein, wie es gesagt wird – 25.000 Meilen im Umfang. Nun, das, was als „Beweis" für die Rundung der Erde bezeichnet und den Kindern in der Schule präsentiert wird, ist, daß, wenn wir am Meeresufer stehen, wir die Schiffe sehen können, wenn sie sich uns nähern, daß sie sozusagen „heraufkommen"; und daß, wenn wir in der Lage sind, die höchsten Teile dieser Schiffe zuerst zu sehen, dies bedeutet, daß die unteren Teile „hinter der Erdkurve" sind. Wenn dies nun der Fall wäre – das heißt, wenn die unteren Teile dieser Schiffe überhaupt hinter einem „Wasserhügel" stünden, wäre die Größe der Erde, die durch eine solche Kurve angezeigt wird, so klein, daß sie nur groß genug wäre, um die Menschen einer Pfarrei zu beherbergen, wenn diese anstelle der Nationen die Welt bevölkern würden. Es folgt daraus, daß die Idee absurd ist; daß diese Erscheinung einem anderen vernünftigen Grund zuzuschreiben ist; und das ist, anstatt ein Beweis für die Kugelform der Erde zu sein, ein Beweis dafür, daß die Erde keine Kugel ist.

32.

Es wird oft gesagt, daß, wenn die Erde flach wäre, wir überallhin sehen könnten! Dies ist das Ergebnis von Unwissenheit. Wenn wir auf der flachen Oberfläche einer Ebene oder einer Prärie stehen und darauf achtgeben, werden wir feststellen, daß der Horizont ungefähr drei Meilen um uns herum gebildet ist: das heißt, der Boden scheint sich bis zu dieser Entfernung zu erheben, bis er auf einer Ebene mit der Augenlinie oder der Sichtlinie ist. Folglich haben Gegenstände, die nicht höher sind als wir – sagen wir, sechs Fuß – und die in dieser Entfernung (drei Meilen) liegen, den „Fluchtpunkt" erreicht und sind außerhalb der Sphäre unserer bloßen Vision. Dies ist der Grund, warum der Rumpf eines Schiffes (indem es sich von uns entfernt) vor den Segeln verschwindet; und anstatt damit den geringsten Hauch eines Beweises für die Rundung der Erde zu haben, ist es ein klarer Beweis dafür, daß die Erde keine Kugel ist.

33.

Wenn die Erde eine Kugel wäre, müßten die Menschen – außer denen, die oben auf der Spitze stehen – sicherlich auf irgendeine Weise an ihrer Oberfläche „befestigt" werden, sei es durch die „Anziehung" der Astronomen oder durch andere unentdeckte und unentdeckbare Prozesse! Aber da wir wissen, daß wir einfach ohne weitere Hilfe auf der Oberfläche gehen, als nur jener, die für die Fortbewegung auf einer Ebene notwendig ist, haben wir hier einen schlüssigen Beweis dafür, daß die Erde keine Kugel ist.

34.

Wenn die Erde eine Kugel wäre, gäbe es sicherlich – wenn wir uns vorstellen könnten, daß das Ding rundum bevölkert ist – „Antipoden". „Menschen, die", sagt das Wörterbuch, „genau auf der gegenüberliegenden Seite des Globus leben, und ihre Füße unseren gegenüber haben" – Menschen, die mit den Köpfen nach unten hängen, während wir mit den Köpfen nach oben stehen! Aber da die Theorie uns erlaubt, zu jenen Teilen der Erde zu reisen, wo es heißt, daß die Leute mit den Köpfen nach unten hängen, und wir uns vorstellen, als wären unsere Köpfe oben, und die unserer Freunde, die wir zurückgelassen haben, würden nach unten hängen, so folgt daraus, daß das Ganze ein Mythos ist – ein Traum – eine Täuschung – und ein Fallstrick; und anstatt daß es irgendwelche Beweise in dieser Richtung gibt, um die populäre Theorie zu untermauern, ist es ein klarer Beweis dafür, daß die Erde keine Kugel ist.

35.

Wenn wir ein wahres Bild des fernen Horizontes oder die Sache selbst untersuchen, werden wir feststellen, daß sie genau mit einer vollkommen geraden und ebenen Linie zusammenfällt. Da es nun auf einem Globus nichts dergleichen geben könnte, und wir es überall auf der Erde finden, ist es ein Beweis dafür, daß die Erde keine Kugel ist.

36.

Wenn wir nachts eine Reise durch die Chesapeake Bay machen, werden wir das „Licht", das auf Sharpes Island ausgestellt ist, eine Stunde lang sehen, bevor der Dampfer dort ankommt. Wir können eine Position auf dem Deck einnehmen, so daß die Reling der Schiffsseite in einer Linie mit dem „Licht" und in der Sichtlinie sein wird; und wir werden feststellen, daß das Licht während der ganzen Reise nicht im geringsten Grad in seiner scheinbaren Höhe variieren wird. Aber, sagen wir, daß eine Distanz von 13 Meilen zurückgelegt worden ist, verlangt die „Krümmungs"-Theorie der Astronomen eine Differenz (in die eine oder die andere Richtung!) in der scheinbaren Höhe des Lichts von etwa 34 Metern! Da es jedoch einen Unterschied von kaum zwei Zentimetern gibt, haben wir einen einfachen Beweis dafür, daß das Wasser der Chesapeake Bay nicht gekrümmt ist, was ein Beweis dafür ist, daß die Erde keine Kugel ist.

<h1 style="text-align:center">37.</h1>

Wenn die Erde eine Kugel wäre, würde höchstwahrscheinlich (denn niemand weiß es) sechs Monate lang der Tag und sechs Monate lang die Nacht in der Arktis und der Antarktis regieren, wie Astronomen es zu behaupten wagen– denn ihre Theorie verlangt es! Aber da diese Tatsache – der sechs Monate lang dauernde Tag und die sechs Monate lang dauernde Nacht – nirgendwo anders zu finden ist als in den arktischen Regionen, stimmt sie perfekt mit allem überein, was wir über die Erde als Ebene wissen, und während dies die „akzeptierte Theorie" stürzt, liefert es einen eindrucksvollen Beweis dafür, daß die Erde keine Kugel ist.

<h1 style="text-align:center">38.</h1>

Wenn die Sonne im März den Äquator überquert und beginnt, in nördlicher Breite um den Himmel zu kreisen, sehen die Bewohner der oberen nördlichen Breitengraden sie in horizontaler Richtung um ihren Horizont herumfliegen und den Zeitraum ihres langen Tages bilden, und sie verschwindet sechs Monate lang nicht, während sie am Himmel immer höher steigt, bis sie im Juni einen 24-Stunden-Kreis bildet, nach welchem sie abzusteigen beginnt und weitergeht, bis sie im September unter dem Horizont verschwindet. So haben sie in den nördlichen Regionen das, was der Reisende die „Mitternachtssonne" nennt, da er diesen leuchtenden Himmelskörper zu einer Zeit sieht, in der es in seinem südlichen Breitengrad stets

Mitternacht ist. Wenn wir dann selbst für ein halbes Jahr die Sonne sehen können, die horizontale Kreise um den Himmel macht, so ist dies ein mutmaßlicher Beweis dafür, daß sie das andere halbe Jahr dasselbe tut, obwohl sie über die Grenzen unserer Sicht hinausgeht. Dies ist ein Beweis dafür, daß die Erde eine Ebene ist und somit ein Beweis dafür, daß die Erde keine Kugel ist.

39.

Wir haben eine Fülle von Beweisen dafür, daß sich die Sonne täglich in Kreisen um die Erde bewegt, die konzentrisch mit der nördlichen Region sind, über der der Nordstern hängt; aber da die Theorie der Erde, die eine Kugel ist, notwendigerweise mit der Theorie ihrer Bewegung um die Sonne in einer jährlichen Umlaufbahn verbunden ist, fällt sie um, wenn wir die Beweise, von denen wir sprechen, vorbringen, und bildet dabei einen Beweis dafür, daß die Erde keine Kugel ist.

40.

Der Suezkanal, der das Rote Meer mit dem Mittelmeer verbindet, ist ungefähr hundert Meilen lang; er bildet eine gerade und ebene Wasseroberfläche von einem Ende zum anderen; und es wurde keine „Zulage" für irgendeine angenommene „Krümmung" in seiner Konstruktion einkalkuliert. Er ist ein klarer Beweis dafür, daß die Erde keine Kugel ist.

41.

Wenn Astronomen behaupten, daß es „notwendig“ ist, „Krümmungszulagen“ in der Kanalkonstruktion zu machen, muß ein gerader Einschnitt nach ihrer Idee natürlich schlecht sein. Wie sehr widersprechen sie sich dann, wenn sie sagen, die gekrümmte Oberfläche der Erde sei eine „wahre Ebene“! Was wollen sie mehr für einen Kanal als eine „wahre Ebene“? Daß sie sich in solch einem elementaren Punkt widersprechen, ist ein Beweis dafür, daß das Ganze eine Täuschung ist, und wir haben einen Beweis dafür, daß die Erde keine Kugel ist.

42.

Es ist sicher, daß die Theorie der Rundheit der Erde und jene ihrer Mobilität zusammen stehen oder fallen müssen. Ein Beweis ihrer Unbeweglichkeit ist also praktisch ein Beweis ihrer Nicht-Rundheit. Nun, daß sich die Erde weder auf einer Achse noch auf einer Umlaufbahn um die Sonne oder irgend etwas anderes bewegt, ist leicht nachzuweisen. Wenn die Erde in einer Minute mit einer Geschwindigkeit von elfhundert Meilen durch den Raum fliegen würde, wie uns die Astronomen in einer bestimmten Richtung beibringen, würde es zweifellos einen Unterschied im Ergebnis des Abfeuerns eines Projektils in diese Richtung und in eine entgegengesetzte Richtung geben. Aber da es in diesem Fall tatsächlich nicht den geringsten Unterschied gibt, ist klar, daß jede behauptete Bewegung der Erde widerlegt ist und wir daher einen Beweis dafür haben, daß die Erde keine Kugel ist.

43.

Die Umstände, die den Körpern zueigen sind, die aus großer Höhe fallen, beweisen nichts über die Bewegung oder Stabilität der Erde, da das Objekt, wenn es sich auf einem in Bewegung befindlichen Gegenstand befindet, an dieser Bewegung teilnehmen wird; aber wenn ein Objekt von einem ruhenden Körper und dann von einem bewegten Körper nach oben geworfen wird, werden die Umstände, die seinen Fall begleiten, sehr verschieden sein. Im ersten Fall wird es, wenn es vertikal nach oben geworfen wird, an die Stelle fallen, von wo es geworfen wurde; im letzteren Fall wird es wegen des sich bewegenden Körpers, von dem es geworfen wird, weiter zurückfallen. Wenn Sie nun eine Pistole laden, mit dem Lauf genau aufwärts im Boden plazieren und dann ein Projektil abfeuern, so wird es gleich neben die Pistole fallen. Wenn die Erde elfhundert Meilen pro Minute zurücklegen würde, würde das Geschoß hinter die Waffe in die entgegengesetzte Richtung der vermeintlichen Bewegung fallen. Da dies jedoch NICHT der Fall ist, ist die angebliche Bewegung der Erde negiert und wir haben den Beweis dafür, daß die Erde keine Kugel ist.

44.

Es ist offensichtlich, daß, wenn ein Projektil von einem sich schnell bewegenden Körper in eine entgegengesetzte

Richtung zu der, in die der Körper sich bewegt, abgefeuert wird, es den Boden hinter der Stelle erreichen würde, als ein Projektil, daß in Richtung der Bewegung abgefeuert würde. Da nun gesagt wird, daß sich die Erde mit einer Geschwindigkeit von neunzehn Meilen in der Sekunde bewegt, „von Westen nach Osten", könnte man sich den ganzen Unterschied vorstellen, wenn die Pistole in einer entgegengesetzten Richtung abgefeuert würde. Aber da es in der Praxis nicht den geringsten Unterschied gibt, wie auch immer die Sache ausgeführt wird, haben wir einen gewaltsamen Umsturz aller Phantasien in Bezug auf die Bewegung der Erde und einen schlagenden Beweis dafür, daß die Erde keine Kugel ist.

45.

Der königliche Astronom aus England, George B. Airy, sagt in seiner gefeierten Arbeit über Astronomie, den „Ipswich Lectures": „Der Jupiter ist ein großer Planet, der sich um seine Achse dreht, und warum drehen wir uns nicht?" Natürlich lautet die Antwort des gesunden Menschenverstandes: Weil die Erde kein Planet ist! Wenn also ein königlicher Astronom uns Worte in den Mund legt, mit denen wir die angebliche planetarische Natur der Erde stürzen können, müssen wir nicht weit gehen, um einen Beweis dafür zu finden, daß die Erde keine Kugel ist.

46.

Es hat sich gezeigt, daß eine östliche oder eine westliche Bewegung notwendigerweise ein kreisförmiger Kurs um den zentralen Norden ist. Der einzige Nordpunkt oder das Zentrum der Bewegung der dem Menschen bekannten Himmelskörper ist der vom Nordstern gebildete, welcher sich über dem zentralen Teil der ausgedehnten Erde befindet. Wenn Astronomen uns also von einem Planeten erzählen, der einen westlichen Kurs um die Sonne herum nimmt, ist diese Sache für sie ebenso bedeutungslos wie für uns, es sei denn, sie machen die Sonne zum nördlichen Zentrum der Bewegung, was sie nicht tun können! Dann nämlich ist die Bewegung, von der sie uns sagen, daß die Planeten sie haben, auf den ersten Blick absurd; und da die Erde tatsächlich überhaupt keine absurde Bewegung haben kann, ist es klar, daß nicht sein kann, was Astronomen sagen – daß sie ein Planet wäre; und wenn sie kein Planet ist, ist es ein Beweis dafür, daß die Erde keine Kugel ist.

47.

Infolge der Tatsache, die von jedem, der das Meeresufer besucht, so klar gesehen wird, daß die Linie des Horizontes eine vollkommene gerade Linie ist, wird es für Astronomen unmöglich, wenn sie versuchen, bildlich eine Idee von der „Konvexität" der Erde zu übermitteln: denn sie wagen es nicht, diesen Horizont als eine gekrümmte Linie darzustellen, so gut bekannt ist es, daß es ein gerader ist! Der „größte Astronom des Zeitalters" zeigt auf Seite 15 seiner „Lektionen", eine Illustration eines Schiffes, das wegsegelt, „als ob es über die Kuppel eines großen Hügels aus Wasser fahren würde", und dort – eine Wahrheit – ist die gerade und waagerechte Linie des Horizontes entlang der Spitze des „Hügels" von einer Seite des Bildes zur anderen! Nun, wenn dieses Bild in allen seinen Teilen wahr wäre – und es ist in mehreren unverschämt falsch – würde es zeigen, daß die Erde ein Zylinder ist; denn der gezeigte „Hügel" ist einfach eine Seite der ebenen, waagrechten Linie, und wir werden dazu gebracht, anzunehmen, daß es auf der anderen hinuntergeht! Da also eine ebenso hohe Autorität wie Professor Richard A. Proctor sagt, daß die Erde ein Zylinder ist, ist es sicherlich ein Beweis dafür, daß die Erde keine Kugel ist.

48.

In Herr Proctors „Lessons in Astronomy" wird ein Schiff so dargestellt, daß es vom Beobachter wegsegelt, und es wird in fünf Positionen oder Entfernungen auf seiner Reise gezeigt. Nun, in seiner ersten Position, erscheint sein Mast über dem Horizont und folglich höher als die Sichtlinie des Beobachters. Aber in seiner zweiten und dritten Position, die das Schiff immer weiter weg darstellt, wird es höher und noch höher über die Horizontlinie gezogen! Nun ist es für ein Schiff absolut unmöglich, unter den angegebenen Bedingungen von einem Beobachter wegzusegeln und wie auf dem Bild zu erscheinen. Folglich ist das Bild eine falsche Darstellung, ein Betrug und eine Schande. Ein

Schiff, das von einem Beobachter mit seinen Masten oberhalb seiner Sichtlinie wegsegeln würde, würde unbestreitbar nach unten abfallend immer tiefer zur Horizontlinie hinabsteigen und könnte unmöglich – jemandem mit unverstellter Sicht – erscheinen, als ginge es in irgendeine andere Richtung, ob diese nun gebogen oder gerade sei. Wenn also der Entwurf des Astronomen-Künstlers die Erde als eine Kugel zeigen soll, und die Punkte im Bild, die nur beweisen würden, daß die Erde, wenn sie wahr wären, zylindrisch ist, NICHT wahr sind, so folgt daraus, daß der Astronomen-Künstler bildlich weder beweist, daß die Erde eine Kugel noch daß sie ein Zylinder ist, und deshalb haben wir einen vernünftigen Beweis dafür, daß die Erde keine Kugel ist.

49.

Es ist eine bekannte Tatsache, daß Wolken fortwährend gesehen werden, wie sie sich in alle Richtungen bewegen – ja, und häufig, in verschiedene Richtungen zur gleichen Zeit – von Westen nach Osten ist eine Richtung, die ebenso häufig wie jede andere ist. Wenn nun die Erde eine Kugel wäre, die sich mit einer Geschwindigkeit von neunzehn Meilen in der Sekunde von Westen nach Osten bewegt, müßten sich die Wolken, die sich von uns aus nach Osten bewegen, schneller als neunzehn Meilen in einer Sekunde bewegen, um solcherart gesehen zu werden; während diejenigen, die sich in die entgegengesetzte Richtung zu bewegen scheinen, keine Notwendigkeit hätten, sich überhaupt zu bewegen, da die Bewegung der Erde mehr als ausreichend wäre, um den Anschein zu bewirken. Aber es braucht nur ein wenig gesunden Menschenverstand, um uns zu zeigen, daß es die Wolken sind, die sich so bewegen, wie sie zu tun scheinen, und daß deshalb die Erde bewegungslos ist. Wir haben also einen Beweis dafür, daß die Erde keine Kugel ist.

50.

Wir lesen in der Bibel von Anfang bis Ende überhaupt nichts darüber, daß die Erde eine Kugel oder ein Planet wäre, aber es gibt Hunderte von Andeutungen in ihren Seiten, die nicht hätten gemacht werden können, wenn die Erde eine Kugel wäre, und die deshalb vom Astronomen als absurd und entgegengesetzt zu dem bezeichnet werden, was er als Wahrheit zu kennen glaubt! Dies ist die Grundlage modernen Unglaubens. Da aber jede der vielen, vielen Andeutungen auf die Erde und die Himmelskörper in der Schrift als absolut naturgetreu nachgewiesen werden können, und wir von der Erde lesen, die „über den Wassern ausgestreckt" ist, als „stehend im Wasser und außerhalb des Wassers", daß es eine „Tatsache sei, daß sie nicht bewegt werden könne", haben wir einen Vorrat, aus dem wir alle Beweise nehmen können, die wir brauchen, aber wir werden nur einen Beweis – den biblischen Beweis – heranziehen, daß die Erde keine Kugel ist.

51.

Im englischen Houses of Parliament existiert eine „dauerhafte Anordnung", die besagt, daß beim Bau von Kanälen usw. die verwendete Bezugslinie eine „horizontale Linie sein soll, die während der gesamten Länge des Werkes gleich sein soll". Nun, wenn die Erde eine Kugel wäre, könnte diese „Anordnung" nicht ausgeführt werden, aber sie wird ausgeführt: Daher ist sie ein Beweis dafür, daß die Erde keine Kugel ist.

52.

Es ist eine bekannte und unbestreitbare Tatsache, daß es eine viel größere Ansammlung von Eis südlich des Äquators gibt, als auf einem gleichen Breitengrad nördlich gefunden wird: und es wird gesagt, daß es bei Kerguelen, 50 Grad südliche Breite, 18 Arten von Pflanzen gibt, während es in Island, 15 Grad näher am nördlichen Zentrum, 870 Arten gibt; und tatsächlich zeigen alle Fakten in diesem Fall, daß die Kraft der Sonne an Orten in der südlichen Region weniger intensiv ist als in entsprechenden nördlichen Breiten. Nun, nach der Newton'schen Hypothese ist all dies unerklärlich, während es in strikter Übereinstimmung mit den Tatsachen steht, die durch die Ausführung der Prinzipien der Zetetischen Philosophie des „Parallax" ans Licht gebracht wurden. Dies ist ein Beweis dafür, daß die Erde keine Kugel ist.

53.

Jedes Jahr ist die Sonne ebenso lange südlich des Äquators wie nördlich; und wenn die Erde nicht so „ausgestreckt" wäre, wie sie tatsächlich ist, sondern nach unten gedreht würde, wie es die Newton'sche Theorie nahelegt, würde sie sicherlich südlich einen ebenso intensiven Anteil an Sonnenstrahlen wie nördlich bekommen; aber da die südliche Region infolge der erwähnten Tatsache viel weiter ausgedehnt ist als die nördliche, reist die Sonne, die alle vierundzwanzig Stunden ihre Reise beenden muß, schneller, wenn sie weiter nach Süden geht, von September bis Dezember, und ihr Einfluß hat weniger Zeit, an irgendeinem Punkt länger einzuwirken. Da aber die Tatsachen nicht so sein könnten, wenn die Erde eine Kugel wäre, ist dies ein Beweis dafür, daß die Erde keine Kugel ist.

54.

Der Luftfahrer kann in seinem Ballon aufsteigen und stundenlang in der Luft, in einer Höhe von mehreren Meilen, bleiben und wieder in derselben Grafschaft oder Gemeinde herunterkommen, von der er aufgestiegen ist. Nun, wenn die Erde den Ballon in ihrer Bewegung von neunzehn Meilen pro Sekunde mit sich ziehen würde, so müßte er weit zurückgelassen werden. Da aber Ballons nie dafür bekannt waren, so abgeschüttelt zu werden, ist dies ein Beweis dafür, daß die Erde sich nicht bewegt und damit ein Beweis, daß die Erde keine Kugel ist.

55.

Die Newton'sche Theorie der Astronomie verlangt, daß der Mond sein Licht von der Sonne „borgt". Da nun die Strahlen der Sonne heiß sind und das Licht des Mondes keine Wärme mehr mit sich bringt, folgt daraus, daß Sonne und Mond „zwei große Lichter" sind, wie wir irgendwo lesen; daß die Newton'sche Theorie ein Fehler ist; und deshalb haben wir einen Beweis dafür, daß die Erde keine Kugel ist.

56.

Die Sonne und der Mond können oft gleichzeitig hoch am Himmel gesehen werden – die Sonne steigt im Osten auf und der Mond im Westen – das Licht der Sonne hebt das Licht des Mondes durch den bloßen Kontrast hervor! Wenn die akzeptierte Newton'sche Theorie richtig wäre und der Mond sein Licht von der Sonne erhalten würde, müßte er mehr davon bekommen, wenn er diesem Himmelskörper gegenübersieht – wenn es denn möglich wäre, daß eine Kugel mit ihrem ganzen Körper als Reflektor wirkt! Aber da das Licht des Mondes vor der aufgehenden Sonne verblaßt, ist dies ein Beweis dafür, daß die Theorie versagt; und das gibt uns einen Beweis dafür, daß die Erde keine Kugel ist.

57.

Die Newton'sche Hypothese beinhaltet die Notwendigkeit, daß die Sonne im Falle einer Mondfinsternis auf der

entgegengesetzten Seite einer kugelförmigen Erde ist, um
ihren Schatten auf den Mond zu werfen: da aber Mond-
finsternisse stattgefunden haben, bei denen sowohl die
Sonne als der Mond über dem Horizont lagen, so folgt
daraus, daß es nicht der Schatten der Erde sein kann, der
den Mond verfinstert; daß die Theorie ein Fehler ist; und
das es ein Beweis dafür ist, daß die Erde keine Kugel ist.

58.

Astronomen haben sich nie untereinander über einen
rotierenden Mond geeinigt, der sich um eine rotierende
und umlaufende Erde dreht – diese Erde, der Mond, die
Planeten und ihre Satelliten schießen alle gleichzeitig mit
einer Geschwindigkeit von vier Millionen Meilen pro Tag
durch den Raum um die rotierende und umlaufende
Sonne, in Richtung des Sternbilds Herkules! Und sie werden es nie: eine Einigung ist unmöglich! Mit der flachen
unbewegten Erde ist das Ganze klar. Und so wie ein Stroh-
halm zeigt, in welche Richtung der Wind weht, kann dies
als ziemlich starker Beweis dafür angesehen werden, daß die
Erde keine Kugel ist.

59.

Herr Proctor sagt: „Die Sonne ist so weit entfernt, daß
selbst wenn man sich von einer Seite der Erde zur anderen
bewegt, sie nicht in einer anderen Richtung gesehen wird –
zumindest ist der Unterschied zu klein, um gemessen zu
werden." Da wir nun wissen, daß wir nördlich des Äqua-

tors, sagen wir 45 Grad, die Sonne zur Mittagszeit im Süden sehen, und in der gleichen Entfernung südlich des Äquators wir die Sonne zur Mittagszeit im Norden sehen, empören sich unsere eigenen Schatten auf dem Boden laut über die Täuschung des Tages und geben uns einen Beweis dafür, daß die Erde keine Kugel ist.

60.

Es gibt kein Problem, das für den Astronomen wichtiger ist als der Abstand der Sonne von der Erde. Jede Änderung der Schätzung ändert alles. Jetzt, da moderne Astronomen, in ihren Schätzungen dieser Entfernung, bis heute den ganzen Weg entlang der Linie von Zahlen von drei Millionen Meilen zu hundertvier Millionen gegangen sind, ist die Entfernung etwas mehr als 91.000.000. Es spielt keine Rolle, wieviel: Denn vor ein paar Jahren gab Herr Hind die Entfernung mit „genau" 95.370.000 Meilen an! – es folgt daraus, daß sie es nicht wissen, und daß es dumm ist, wenn irgend jemand erwartet, daß sie die Entfernung zur Sonne jemals wissen werden! Und da all diese Spekulationen und Absurditäten durch die Grundannahme verursacht werden, daß die Erde ein wandernder, himmlischer Körper ist, und alles durch die Erkenntnis der Tatsache, daß die Erde eine Ebene ist, hinweggefegt wird, ist dies ein klarer Beweis dafür, daß die Erde keine Kugel ist.

61.

Es ist klar, daß eine Theorie mit geschätzten Maßen ohne eine Meßlatte wie ein Schiff ohne Ruder ist; daß ein Maß, das nicht festgelegt ist, nicht festgelegt werden kann und niemals festgelegt wurde, überhaupt keine Meßlatte bildet; und da die moderne theoretische Astronomie von der Entfernung der Sonne von der Erde als ihrer Meßlatte abhängt, und die Entfernung nicht bekannt ist, ist es ein System von Maßen ohne eine Meßlatte – ein Schiff ohne ein Ruder. Da es nicht schwer ist, das Auflaufen dieses Dinges auf dem Felsen vorauszusehen, auf dem die Zetetische Astronomie gegründet ist, ist es ein Beweis dafür, daß die Erde keine Kugel ist.

62.

Es wird allgemein behauptet, daß „die Erde eine Kugel sein muß, weil die Menschen um sie herumgesegelt sind". Nun, da dies bedeuten würde, daß wir um nichts herumsegeln können, es sei denn, es wäre eine Kugel, und die Tatsache bekannt ist, daß wir um die Erde als Ebene herumsegeln können, ist die Behauptung lächerlich, und wir haben einen weiteren Beweis dafür, daß die Erde keine Kugel ist.

63.

Es ist eine Tatsache, die nicht so bekannt ist, wie sie es sein sollte, daß, wenn ein Schiff, welches von uns wegsegelt, den Punkt erreicht hat, an dem wir seinen Rumpf mit bloßen Augen nicht mehr erkennen können, ein gutes Teleskop unseren Blick auf diesen Teil des Schiffes wieder herstellen wird. Da Teleskope nicht dazu dienen, Menschen durch einen „Wasserhügel" hindurchsehen zu lassen, ist klar, daß sich die Schiffsrümpfe nicht hinter einem Wasserhügel befinden, wenn sie durch ein Teleskop gesehen werden können, obwohl wir sie mit bloßen Augen nicht mehr sehen können. Dies ist ein Beweis dafür, daß die Erde keine Kugel ist.

64.

Herr Glaisher sagt, indem er über seine Ballonaufstiege erzählt: „Der Horizont erschien immer auf einer Ebene mit dem Fahrzeug." Da wir nun unter den Gesetzen der Optik vergeblich nach einem Prinzip suchen können, das bewirkt, daß die Oberfläche von einer Kugel nach oben anstatt nach unten dreht, ist ein klarer Beweis dafür, daß die Erde keine Kugel ist.

65.

Reverend D. Olmsted sagt, indem er ein Diagramm beschreibt, das die Erde als eine Kugel darstellen soll, mit einer Figur eines Menschen auf jeder Seite, der mit dem Kopf nach unten ragt: „Wir sollten an diesem Punkt verweilen, bis er uns wahrhaft als oben erscheint" – in der Richtung, die diesen Figuren gegeben wird, wie es das in Bezug auf eine Figur tut, die er auf der Spitze plaziert hat! Nun, ein System der Philosophie, das von uns verlangt, etwas zu tun, das wirklich über unseren Geist hinausgeht, indem wir uns an eine Absurdität halten, bis wir glauben, daß es eine Tatsache ist, kann kein auf Gottes Wahrheit basierendes System sein, denn ein solches würde niemals etwas dieser Art erfordern. Da die heutige populäre theoretische Astronomie dies erfordert, ist es offensichtlich, daß sie falsch ist, und daß diese Schlußfolgerung uns einen Beweis dafür liefert, daß die Erde keine Kugel ist.

66.

Es wird oft gesagt, daß die Voraussagen der Verdunkelungen beweisen würden, daß die Theorien der Astronomen richtig sind. Aber es ist nicht ersichtlich, daß dies zuviel beweist. Es ist bekannt, daß Ptolemäus auf der Grundlage einer flachen Erde sechshundert Jahre im voraus Sonnenfinsternisse mit der gleichen Genauigkeit vorhergesagt hat, wie sie von modernen Beobachtern vorhergesagt wird. Wenn also die Vorhersagen die Wahrheit der jeweils aktuellen Theorien beweisen, so beweisen sie ebensogut die eine Seite der Frage als die andere und ermöglichen uns, dies als einen Beweis dafür zu beanspruchen, daß die Erde keine Kugel ist.

67.

Siebenhundert Meilen soll die Länge des großen Kanals in China sein. Sicher ist, daß, als man diesen Kanal baute, keine „Zulage" für eine „Krümmung" gemacht wurde. Doch der Kanal ist auch ohne sie eine Tatsache. Dies ist ein chinesischer Beweis dafür, daß die Erde keine Kugel ist.

68.

Herr J. N. Lockyer sagt: „Weil die Sonne im Osten aufzusteigen und im Westen unterzugehen scheint, dreht sich die Erde in Wahrheit in die entgegengesetzte Richtung; das heißt, von West nach Ost." „Nun, das ist nicht besser, als wenn wir sagen würden – Weil ein Mann die Straße heraufkommt, geht in Wahrheit die Straße zu dem Mann hinunter! Und da die wahre Wissenschaft keinen solchen Unsinn enthalten würde, folgt daraus, daß die sogenannte Wissenschaft der theoretischen Astronomie nicht wahrheitsgetreu ist, und deshalb haben wir einen Beweis dafür, daß die Erde keine Kugel ist.

69.

Herr Lockyer sagt: „Die Erscheinungen, die mit dem Aufgang und dem Untergang der Sonne und der Sterne verbunden sind, mögen entweder deswegen auftreten, weil unsere Erde ruht und die Sonne und die Sterne um sie herumlaufen, oder weil die Erde selbst sich dreht, während die Sonne und die Sterne ruhen." Da nun die wahre Wissenschaft keine solchen armseligen Alternativen wie diese zuläßt, ist es klar, daß die moderne theoretische Astronomie keine wahre Wissenschaft und daß ihr führendes Dogma ein Trugschluß ist. Wir haben also einen klaren Beweis dafür, daß die Erde keine Kugel ist.

70.

Herr Lockyer verwendet folgende Worte, als er sein Bild vom vermeintlichen Beweis der Rundheit der Erde durch Schiffe beschreibt, die einen „Hügel aus Wasser“ umrunden: – „Das Diagramm zeigt, wie wir, wenn wir annehmen, daß die Erde rund ist, erklären, weshalb Schiffe auf See so erscheinen wie sie es tun.“ Dies ist der Bezeichnung Wissenschaft absolut unwürdig! Eine Wissenschaft, die mit der Vermutung beginnt und endet, indem sie die Vermutung erklärt, ist von Anfang bis Ende eine reine Farce. Die Männer, die nichts Besseres zu tun haben, als sich auf diese Weise zu amüsieren, sollten als Träumer und ihr führendes Dogma als Verblendung angeprangert werden. Dies ist ein Beweis dafür, daß die Erde keine Kugel ist.

71.

Die Theorie der Astronomen über eine kugelförmige Erde erfordert die Schlußfolgerung, daß, wenn wir südlich des Äquators reisen, es eine Unmöglichkeit wäre, den Nordstern zu sehen. Es ist jedoch bekannt, daß diese Sterne von Seefahrern gesehen wurden, wenn sie mehr als 20 Grad südlich des Äquators waren. Diese Tatsache macht, wie Hunderte anderer Fakten, die Theorie zunichte und liefert uns den Beweis dafür, daß die Erde keine Kugel ist.

72.

Astronomen erzählen uns, daß die senkrechten Wände von Gebäuden infolge der „Rundung“ der Erde nirgendwo parallel sind und daß sogar die Wände von Häusern auf gegenüberliegenden Seiten einer Straße nicht parallel zu ihnen stehen! Da aber alle Beobachtung keinen Beweis für diesen von der Theorie geforderten Mangel an Parallelität findet, muß die Idee als absurd und allen bekannten Tatsachen entgegenstehend, zurückgewiesen werden. Dies ist ein Beweis dafür, daß die Erde keine Kugel ist.

73.

Astronomen haben Experimente mit Pendeln gemacht, die im Inneren von hohen Gebäuden aufgehängt wurden, und haben sich über die Idee begeistert, daß sie in der Lage seien, die Drehung der Erde auf ihrer „Achse" durch die wechselnde Richtung Pendels zu beweisen – und versicherten, daß der Tisch sich dabei unter dem Pendel im Kreis bewegte, anstatt daß sich das Pendel in verschiedenen Richtungen über den Tisch bewegte und herumschwang! Als aber festgestellt wurde, daß das Pendel ebensooft den umgekehrten Weg für die „Rotationstheorie" genommen hatte, hat der Ärger den Platz der Freude eingenommen, und wir haben einen Beweis für das Versagen der Astronomen in ihren Bemühungen, ihre Theorie zu untermauern und damit einen Beweis dafür, daß die Erde keine Kugel ist.

74.

Was die vermutete „Bewegung des ganzen Sonnensystems im Raum" betrifft, so sagte der Königliche Astronom von

England einmal: „Die Sache ist in einem äußerst reizvollen Zustand der Ungewißheit verblieben, und ich wäre sehr froh, wenn uns jemand dort heraushelfen könnte." Da aber das ganze Newton'sche Schema heute in einem bedauernswertesten Zustand der Ungewißheit ist – denn ob der Mond um die Erde oder die Erde um den Mond herumgeht, war jahrelang eine Frage „heftiger" Kontroversen – so folgt daraus, daß die ganze Sache von vorne bis hinten falsch ist; und daß wir einen vom wütenden Ofen der philosophischen Raserei rotglühenden Beweis dafür finden, daß die Erde keine Kugel ist.

75.

Wesentlich mehr als eine Million Erden würden benötigt, um einen Körper wie die Sonne zu bilden – sagen uns die Astronomen: und mehr als 53.000 Sonnen sollten den kubischen Inhalten des Sterns Wega entsprechen. Und der Wega ist ein „kleiner Stern"! Und es gibt unzählige Millionen dieser Sterne! Und es dauert 30.000.000 Jahre, bis das Licht einiger dieser Sterne uns mit einer Geschwindigkeit von 12.000.000 Meilen in einer Minute erreicht! Und Herr Proctor sagt: „Ich denke, eine moderate Schätzung des Alters der Erde wäre 500.000.000 Jahre!" „Ihr Gewicht", sagt die gleiche Person, „beträgt 6.000.000.000.-000.000.000.000 Tonnen!" Da nun aber kein Mensch in der Lage ist, diese Dinge nachzuvollziehen, ist es eine Beleidigung, sie einfach zu behaupten – es ist empörend. Und obwohl sie alle aus der einen Annahme entstanden sind, daß die Erde ein Planet ist, ziehen sie sie, anstatt die Annahme aufrecht zu erhalten, sie durch das Gewicht ihrer eigenen Absurdität herunter und lassen sie im Staub liegen – ein Beweis dafür, daß die Erde keine Kugel ist.

76.

Herr J. R Young sagt in seiner Arbeit über Navigation: „Obwohl der Weg des Schiffes auf einer kugelförmigen Oberfläche stattfindet, können wir die Länge des Strecke durch eine gerade Linie auf einer ebenen Oberfläche darstellen." (Und das Segeln über eine Ebene ist die Regel.) Nun, da es überhaupt unmöglich ist, eine gekrümmte Linie durch eine gerade Linie darzustellen, und absurd, den Versuch zu machen, folgt daraus, daß eine gerade Linie eine gerade Linie darstellt und keine gekrümmte. Und da es sich bei Herr Youngs Beispiel um die Oberfläche der Wasser des Ozeans handelt, folgt daraus, daß diese Oberfläche eine gerade Oberfläche ist, und wir sind Herr Young, einem Professor der Schiffahrt, zum Dank für einen Beweis dafür verpflichtet, daß die Erde keine Kugel ist.

77.

„Oh, aber wenn die Erde flach wäre, könnten wir zum Rand gehen und herunterstürzen!", ist eine sehr häufige Behauptung. Dies ist eine Schlußfolgerung, die zu hastig gebildet wird, und Fakten stürzen sie. Die Erde ist gewiß, was der Mensch nach seiner Beobachtung als „gerade" empfindet, und scheint, wie Herr Proctor selbst sagt, „flach" zu sein; und wir können die eisige Barriere, die sie umgibt, nicht überqueren. Dies ist eine vollständige Antwort auf den Einwand und natürlich ein Beweis dafür, daß die Erde keine Kugel ist.

78.

„Ja, aber wir können den Süden doch leicht umrunden", wird oft gesagt – von denen, die es nicht wissen. Das britische Schiff Challenger hat vor kurzem die Strecke der südlichen Region umrundet – indirekt natürlich – es hatte dafür allerdings drei Jahre länger benötigt als berechnet und beinahe 69.000 Meilen zurückgelegt – eine Strecke, die lang genug war, um sie nach der Hypothese der Rundheit sechsmal zu machen. Dies ist ein Beweis dafür, daß die Erde keine Kugel ist.

79.

Die Bemerkung ist weit genug verbreitet, daß wir den Kreis der Erde sehen könnten, wenn wir den Ozean überqueren, und daß dies beweist, daß er rund ist. Wenn wir nun einen Esel an einem Pfahl auf einem ebenen Untergrund festbinden, und er das Gras um sich herum frißt, ist es nur eine kreisförmige Scheibe, mit der er zu tun hat, keine kugelförmige Masse. Da nun überall kreisförmige Scheiben zu sehen sind – sowohl von einem Ballon in der Luft als vom Deck eines Schiffes aus, oder vom Standpunkt des Esels, ist es ein Beweis dafür, daß die Oberfläche der Erde eine ebene Oberfläche ist, und daher ein Beweis, daß die Erde keine Kugel ist.

80.

Im normalen Verlauf der Newton'schen Theorie wird „angenommen", daß die Erde im Juni etwa 190 Millionen Meilen (190.000.000) von ihrer Position im Dezember entfernt ist. Da wir aber (in den mittleren nördlichen Breiten) den Nordstern sehen können, wenn wir aus einem Fenster schauen, das ihm gegenübersteht – und zwar aus derselben Richtung derselben Glasscheibe im selben Fenster – das ganze Jahr über, ist dies Beweis genug für irgendeinen Menschen bei Verstand, daß wir überhaupt keine Bewegung gemacht haben. Es ist ein Beweis dafür, daß die Erde keine Kugel ist.

81.

Newton'sche Philosophen lehren uns, daß der Mond die Erde von Westen nach Osten umkreist. Aber die Beobachtung – die sicherste Art, Erkenntnis zu gewinnen – zeigt uns, daß der Mond nie aufhört, sich in die entgegengesetzte Richtung zu bewegen – von Osten nach Westen. Da wir aber wissen, daß sich nichts gleichzeitig in zwei entgegengesetzte Richtungen bewegen kann, ist dies ein Beweis, daß die Sache Unfug ist; und kurz gesagt, ist es ein Beweis dafür, daß die Erde keine Kugel ist.

82.

Astronomen sagen uns, daß der Mond in etwa 28 Tagen die Erde umkreist. Nun, wir können sehen, wie er jeden Tag seine Reise macht, wenn wir unsere Augen benutzen – und das sind die besten Dinge, die wir benutzen können. Der Mond fällt in seiner täglichen Bewegung, verglichen mit der Sonne, um eine Umdrehung in der angegebenen Zeit zurück; aber das bedeutet nicht, daß die Erde sich dreht. Wenn sich etwas nicht so schnell bewegt, wie andere Körper in eine Richtung gehen, bedeutet das nicht, daß es sich in die entgegengesetzte Richtung bewegt – wie uns dies die Astronomen glauben machen wollen! Und da all diese Absurdität zu keinem anderen Zweck notwendig ist, als andere Absurditäten zu erklären, ist es klar, daß die Astronomen auf dem Holzweg sind; und es bedarf keiner langen Argumentation, um zu zeigen, daß wir einen Beweis dafür haben, daß die Erde keine Kugel ist.

83.

Es wurde gezeigt, daß Meridiane notwendigerweise gerade Linien sind; und daß es unmöglich ist, in einer nördlichen oder südlichen Richtung um die Erde zu reisen: woraus folgt, daß, in der allgemeinen Annahme des Wortes „Grad" – der 360. Teil eines Kreises – Meridiane keine Grade haben: denn niemand weiß etwas von einem Meridiankreis oder Halbkreis, der solcherart unterteilt werden könnte. Aber Astronomen sprechen von Breitengraden im gleichen Sinne wie von Längengraden. Indem sie dies tun, geben sie vor, daß etwas wahr sei, was nicht wahr ist. Die Zetetische Philosophie beinhaltet diese Notwendigkeit nicht. Dies beweist, daß die Grundlage dieser Philosophie eine solide ist, und ist, kurz gesagt, ein Beweis dafür, daß die Erde keine Kugel ist.

84.

Wenn wir uns auf oder über einer Ebene oder Prärie von einem erhabenen Objekt entfernen, wird sich die Höhe des Objekts scheinbar verringern. Nun ist dies, was ausreichend ist, um jenen Effekt im kleinen Maßstab zu erzeugen, ebenso ausreichend in einem großen; und sich von einem erhöhten Objekt zu entfernen, ganz gleich wie hoch, und dabei über eine ebene Oberfläche, ganz gleich wie weit, zu reisen, wird die besagte Erscheinung verursachen – nämlich das Absenken des Objekts. Unsere modernen theoretischen Astronomen behaupten jedoch im Fall der scheinbaren Absenkung des Nordsterns, wenn wir nach Süden reisen, daß es ein Beweis dafür wäre, daß die Erde kugelförmig ist! Da es aber klar ist, daß eine Erscheinung, die auf der Grundlage bekannter Tatsachen gänzlich erklärt wird, nicht als Beweis für das, was nur eine Vermutung ist, zugestanden werden kann, folgt daraus, daß wir sie mit Recht zurückweisen und den Weg für einen Beweis freimachen lassen, daß die Erde keine Kugel ist.

85.

Es gibt Flüsse, die nach Osten, Westen, Norden und Süden fließen – das heißt, Flüsse fließen zu gleicher Zeit in alle Richtungen über die Erdoberfläche. Wenn nun aber die Erde eine Kugel wäre, würden einige dieser Flüsse nach oben und nach unten fließen, wenn man die Tatsache voraussetzt, daß es in der Natur wirklich ein „Oben" und ein „Unten" gibt, egal welche Form sie annimmt. Aber da Flüsse nicht bergauf fließen und die Theorie der kreisförmigen Erde dies erfordern würde, ist dies ein Beweis dafür, daß die Erde keine Kugel ist.

86.

Wenn die Erde eine Kugel wäre, die mit einer Geschwindigkeit von „hundert Meilen in fünf Sekunden" durch den „Raum" rollt und rast, könnten die Wasser der Meere und Ozeane nicht durch irgendein bekanntes Gesetz auf seiner Oberfläche gehalten werden – die Behauptung, sie könnten unter diesen Umständen dort verbleiben, heißt den menschlichen Verstand und die Gutgläubigkeit verhöhnen! Aber da sich die Erde – d. h. die bewohnbare Welt des Festlandes – als „aus dem Wasser heraus- und im Wasser der riesigen Meere stehend" herausstellt, deren umlaufende Grenze Eis ist, können wir die Aussage ins Gesicht derer zurückwerfen, die sie aufstellen und vor ihren Gesichtern die Flagge der Vernunft und des gesunden Menschenverstandes schwenken, auf der geschrieben steht – ein Beweis dafür, daß die Erde keine Kugel ist.

87.

Die Theorie einer sich drehenden und bewegenden Erde erfordert eine Theorie, um das Wasser auf ihrer Oberfläche zu halten; aber da die Theorie, die für diesen Zweck bereitgestellt wird, der menschlichen Erfahrung ebenso entgegengesetzt ist wie die, die sie aufrechterhalten soll, so ist sie eine Illustration der elenden Behelfsmittel, zu denen die Astronomen gezwungen sind, Zuflucht zu nehmen, und liefert den Beweis dafür, daß die Erde keine Kugel ist.

88.

Wenn wir – nachdem unser Geist einmal für das Licht der Wahrheit erschlossen worden wäre – uns einen kugelförmigen Körper vorstellen, auf dessen Oberfläche menschliche Wesen existieren könnten, würde die Macht – egal mit welchem Namen sie genannt wird – die sie darauf halten würde, notwendigerweise so einschränkend und bezwingend sein, daß sie nicht leben könnten; die Wasser der Ozeane müßten wie eine feste Masse sein, damit eine Bewegung unmöglich wäre. Aber wir existieren nicht nur, sondern leben und bewegen uns; und das Wasser des Ozeans springt und tanzt wie eine lebendige schöne Sache! Dies ist ein Beweis dafür, daß die Erde keine Kugel ist.

89.

Es ist wohlbekannt, daß das Gesetz, das die scheinbare Abnahme der Größe von Objekten regelt, wenn wir uns von ihnen entfernen (oder wenn sie sich von uns entfernen), mit leuchtenden Körpern sehr verschieden von dem ist, wie es bei Objekten der Fall ist, die nicht leuchten. Wenn man in einer dunklen Nacht in einem Ruderboot von dem Licht einer kleinen Lampe fortsegelt, scheint es nicht kleiner zu sein, wenn es eine Meile entfernt ist, als es in der Nähe war. Proctor sagt, wenn er von der Sonne spricht: „Ihre scheinbare Größe ändert sich nicht" – ob sie weit weg oder nahe ist. Und dann vergißt er die Tatsache! Herr Proctor erzählt uns anschließend, daß, wenn der Reisende so weit nach Süden geht, daß der Nordstern am Horizont erscheint, „die Sonne deshalb viel größer aussehen sollte" – wenn die Erde eine Ebene wäre! Deshalb, so argumentiert er, „kann der eingeschlagene Weg nicht der gerade Weg gewesen sein", sondern ein gekrümmter. Da dies nun nichts anderes als eine gewöhnliche wissenschaftliche List ist, um als einen Einwand, der einer flachen Erde im Wege steht, das Nicht-Erscheinen einer Sache vorzubringen, von der nie bekannt war, daß sie überhaupt erscheint, folgt daraus, daß es, sofern nicht das, welches wie eine List aussieht, nur ein Zufall war, es der einzige Weg war, der dem Gegner offenstand – zu täuschen. (Herr Proctor prahlt in einem Brief an den „English Mechanic" vom 20. Oktober 1871 damit, daß er kürzlich einen Anhänger der Zetetischen Philosophie bekehrt habe, indem er ihm sagte, daß seine Argumente alle sehr gut seien, aber daß es doch scheine (man achte auf die Sprache!), als ob die Sonne im Sommer neunmal größer aussehe. „Und Herr Proctor schließt damit: „Er sah tatsächlich ein, daß er in seinem Glauben an ‚Parallax‘ sich selbst zum Esel gemacht hatte.“) Nun denn: Ob es nun eine List seitens des Einwenders war oder nicht, so ist der Einwand eine Fälschung – ein Betrug – überhaupt kein gültiger Einwand; und daraus folgt, daß das System, das sich nicht von diesen Dingen befreit, ein verrottetes System ist, und das System, das er befürwortet, mit Herr Proctor an der Spitze, würde zerschmettern, wenn sie eine passende Waffe finden könnten – die Zetetische Philosophie von „Parallax“! Dies ist ein Beweis dafür, daß die Erde keine Kugel ist.

90.

„Ist das Wasser eben, oder nicht?“, war eine Frage, die einst von einem Astronomen gestellt wurde. „Praktisch, ja; theoretisch nein“, war die Antwort. Wenn nun die Theorie nicht mit der Praxis übereinstimmt, ist es am besten, die Theorie fallen zu lassen. (Es ist nun zu spät, um zu sagen „Um so schlimmer für die Tatsachen!“) Die Theorie, die eine gekrümmte Oberfläche zum stehenden Wasser voraussetzt, fallen zu lassen, heißt, die Tatsachen anzuerkennen, die die Grundlage der Zetetischen Philosophie bilden. Und da dies – früher oder später – getan werden muß, ist es ein Beweis dafür, daß die Erde keine Kugel ist.

91.

„Durch gründliche Beobachtung“, sagt Schoedler in seinem „Buch der Natur“, „wissen wir, daß die anderen Himmelskörper sphärisch sind, daher behaupten wir ohne Zögern, daß die Erde es auch ist." Dies ist ein gutes Beispiel aller astronomischen Argumentation. Wenn ein Ding unter „andere" Dinge eingeordnet wird, muß die Ähnlichkeit zwischen ihnen zuerst bewiesen werden. Es braucht keinen Schoedler, um uns zu sagen, daß „Himmelskörper" sphärisch sind, aber „der größte Astronom des Zeitalters" will es nicht wagen, uns zu sagen, daß die Erde dies ist – und versuchen, es zu beweisen. Nun, da zwischen der Erde und den Gestirnen niemals eine Gleichheit nachgewiesen worden ist, ist die Einteilung der Erde in die Himmelskörper verfrüht – unwissenschaftlich – falsch! Dies ist ein Beweis dafür, daß die Erde keine Kugel ist.

92.

„Es besteht kein Widerspruch darin, anzunehmen, daß sich die Erde um die Sonne bewegt", sagt der Königliche Astronom von England. Das tut es gewiß nicht, wenn die theoretische Astronomie sich nur aus Vermutungen zusammensetzt! Der Widerspruch besteht darin, der Welt beizubringen, daß die vermutete Sache eine Tatsache ist. Da nun die „Bewegung" der Erde nur eine Vermutung darstellt – da es überhaupt notwendig ist, sie überhaupt anzunehmen –, ist klar, daß es eine Fiktion und keine Tatsache ist; und da die „Beweglichkeit" und die „Kugelförmigkeit" miteinander stehen oder fallen, haben wir einen Beweis dafür, daß die Erde keine Kugel ist.

(66)

93.

Wir haben gesehen, daß Astronomen – um uns eine ebene Oberfläche zu geben, auf der wir leben können – die Hälfte des „Globus" in einem bestimmten Bild in ihren Büchern abgeschnitten haben. Da die Astronomen dies taten, haben sie die Hälfte der Substanz ihrer „sphärischen Theorie" aufgegeben! Da also die Theorie in ihrer Gesamtheit stehen oder fallen muß, ist sie wirklich gefallen, wenn die Hälfte fort ist. Es bleibt nichts übrig, als eine flache Erde, die natürlich ein Beweis dafür ist, daß die Erde keine Kugel ist.

94.

In „Cornell's Geography" gibt es einen „Illustrierten Beweis der Form der Erde". Eine gekrümmte Linie in einer Kurve von 72 Grad, oder einem Fünftel des angenommenen Umfangs der „Kugel" – ungefähr 5.000 Meilen, auf der ein Schiff in vier Positionen dargestellt ist, wie es von einem Beobachter wegsegelt. Zehn solcher Schiffe, wie sie auf dem Bild zu sehen sind, würden die volle Länge der „Kurve" erreichen und ein Schiff somit 500 Meilen lang sein. Der Mann, auf dem Bild, der das Schiff beobachtet, als es wegsegelt, ist ungefähr 200 Meilen hoch; und der Turm, von dem er eine erhöhte Aussicht hat, mindestens 500 Meilen hoch. Dies sind die Proportionen von Menschen, Türmen und Schiffen, die notwendig sind, um ein Schiff in seinen verschiedenen Positionen zu sehen, während es die Krümmung des „großen Wasserhügels" umrundet, über den es hinaussegeln soll: Denn man muß sich

(67)

daran erinnern, daß dieser vermeintliche „Beweis" von Linien und Blickwinkeln abhängt, die, wenn sie vergrößert würden, ihre Eigenschaften behalten würden. Da Schiffe aber nicht so gebaut werden, daß sie 500 Meilen lang sind, mit entsprechend hohen Masten, und Männer nicht ganz 200 Meilen hoch sind, ist es nicht das, was es zu sein vorgibt – ein Beweis der Rundheit der Erde – sondern entweder eine dumme Posse oder eine grausame Täuschung. Kurz gesagt, es ist ein Beweis dafür, daß die Erde keine Kugel ist.

95.

In „Cornell's Intermediate Geography" (1881) befindet sich eine „Illustration der natürlichen Bereiche von Land und Wasser". Diese Illustration ist so schön gezeichnet, daß sie sofort einen schlagenden Beweis liefert, daß die Erde eine Ebene ist. Sie ist naturgetreu und trägt den Stempel eines Astronomen-Künstlers. Sie ist ein bildhafter Beweis dafür, daß die Erde keine Kugel ist.

96.

Wenn wir uns auf das Diagramm in „Cornell's Geography" beziehen und das Schiff in seiner Position betrachten, die am entferntesten vom Beobachter liegt, werden wir feststellen, daß es, obwohl es etwa 4.000 Meilen entfernt ist, dieselbe Größe hat wie das Schiff, das ihm am nächsten ist, und das etwa 700 Meilen entfernt ist! Dies ist eine Illustration der Art und Weise, in der Astronomen die Gesetze der Perspektive ignorieren. Dieser Kurs ist notwendig, sonst wären sie gezwungen, den Irrtum ihrer Dogmen aufzudecken. Kurz gesagt, es liegt in dieser Sache ein Beweis dafür, daß die Erde keine Kugel ist.

97.

Herr Hind, der englische Astronom, sagt: „Die Einfachheit, mit der die Jahreszeiten durch die Umdrehung der Erde in ihrer Umlaufbahn und die Unregelmäßigkeit der Ekliptik erklärt werden, kann sicherlich als starkes Indiz für die Richtigkeit angeführt werden" – der Newton'schen Theorie; „denn diese und andere bekannte Phänomene können auf keine anderen rationalen Annahmen in Bezug auf die Verhältnisse der Erde und der Sonne zurückgeführt werden." Aber da die wahre Philosophie überhaupt keine „Vermutungen" hat – und nichts mit „Vermutungen" zu tun hat – und die genannten Phänomene gründlich durch Tatsachen erklärt werden, fällt der „mutmaßliche Beweis" zu Boden, bedeckt mit dem Spott, den er so sehr verdient; und aus dem Staub von Herr Hinds „rationalen Annahmen" sehen wir vor uns einen Beweis sich erheben, daß die Erde keine Kugel ist.

98.

Herr Hind spricht davon, daß der Astronom einen Stern beobachtet, wie er „durch die tägliche Umdrehung der Erde über das Teleskop getragen wird". Das ist geradezu absurd. Keine Bewegung der Erde könnte möglicherweise

(69)

einen Stern über ein Teleskop oder irgend etwas anderes tragen. Wenn der Stern über irgend etwas hinweg getragen wird, bewegt sich der Stern, nicht die Sache, über die er getragen wird! Überdies ist der Gedanke, daß sich die Erde, wenn sie eine Kugel wäre, in einer Umlaufbahn von fast 600.000.000 Meilen mit solcher Genauigkeit bewegen könnte, daß das Fadenkreuz in einem an ihrer Oberfläche befestigten Teleskop sanft über einen Stern gleitet, der „Millionen und Abermillionen" von Meilen entfernt ist, einfach monströs; während bei einem FESTSTEHENDEN Teleskop die Entfernung der Sterne keine Rolle spielt, selbst wenn wir annehmen, daß sie so weit entfernt sind, wie der Astronom sie vermutet. Denn, wie Herr Proctor selbst sagt, „je weiter sie entfernt sind, desto weniger werden sie sich zu bewegen scheinen." Warum, im Namen des gesunden Menschenverstandes, sollten Beobachter ihre Teleskope auf festen Steinsockeln befestigen, so daß sie sich nicht eine Haaresbreite bewegen sollten, wenn die Erde, auf der sie befestigt sind, sich mit einer Geschwindigkeit von neunzehn Meilen pro Sekunde bewegt? In der Tat, zu glauben, daß Herr Proctors Masse von „6.000.000.000.-000.000.000.000 Tonnen" mit einer Geschwindigkeit „für immer durch den Raum eilt, rollt und fliegt", mit welcher verglichen, der Schuß von einer Kanone eine „sehr langsame" ist, und dies mit einer so unfehlbaren Genauigkeit, daß ein Teleskop, das auf Granitsäulen in einem Observatorium befestigt ist, einem luchsäugigen Astronomen nicht erlaubt, auch nur die allergeringste Veränderung in seiner

Vorwärtsbewegung zu bemerken, wäre als ein Wunder zu begreifen, in dessen Vergleich alle jemals aufgezeichneten Wunder in völlige Bedeutungslosigkeit versinken würden. Kapitän R. J. Morrison, der verstorbene Verfasser von „Zadkeils Almanach", sagt: „Wir erklären, daß diese ‚Bewegung' alles nur ‚Unfug' ist; und daß die Argumente, die sie aufrecht erhalten, wenn sie mit einem Auge untersucht werden, das nur die WAHRHEIT sucht, bloßer Unsinn und kindische Absurdität sind." Da diese absurden Theorien bei Männern, die bei Verstand sind, keinen Nutzen haben, und weil es in der Zetetischen Philosophie keine Notwendigkeit für etwas von der Art gibt, ist dies ein „starkes Indiz" – wie Herr Hind sagen würde –, daß die Zetetische Philosophie wahr ist und damit ein Beweis dafür, daß die Erde keine Kugel ist.

99.

Herr Hind spricht von zwei großen Mathematikern, die in ihrer Schätzung des Erddurchmessers nur um fünfundfünfzig Meter voneinander abweichen. Nun, Sir John Herschel, schneidet in seinem gefeierten Werk einfach 480 Meilen ab, um „runde Zahlen" zu bekommen! Das ist, als würde man ein Haar auf einer Seite des Kopfs spalten und alle Haare auf der anderen abrasieren! Oh, die „Wissenschaft!" Kann es in einer solchen Wissenschaft irgendeine Wahrheit geben? Die ganze Genauigkeit in der Astronomie liegt in der praktischen Astronomie – nicht in der theoretischen. Jahrhunderte der Beobachtung haben die praktische Astronomie zu einer edlen Kunst und Wissenschaft gemacht, die – wie wir tausendmal bewiesen haben – auf einer feststehenden Erde beruht; und wir prangern diese vorgebliche Genauigkeit auf der einen Seite und die unverantwortliche Gleichgültigkeit gegenüber Zahlen auf der anderen Seite als den niedrigsten Quatsch an und ziehen daraus die Schlußfolgerung, daß die „Wissenschaft", die sie toleriert, eine falsche ist, – anstatt eine „exakte" – Wissenschaft zu sein, und wir haben einen Beweis dafür, daß die Erde keine Kugel ist.

100.

Die Sonne bringt, wenn sie um die Erdoberfläche reist, „den Mittag" zu allen Orten der aufeinanderfolgenden Meridiane, die sie kreuzt: ihre Reise findet in westlicher Richtung statt, Orte östlich der Sonnenposition haben ihren Mittag schon hinter sich, während Orte westlich der Position der Sonne ihn noch erhalten müssen. Wenn wir also nach Osten reisen, kommen wir zu jenen Teilen der Erde, wo „die Zeit" weiter fortgeschritten ist, die Uhr in unserer Tasche muß „vorgestellt" werden, oder man kann sagen, daß wir „Zeit gewinnen." Wenn wir hingegen westwärts reisen, kommen wir in Orte, wo es noch „Vormittag" ist, die Uhr muß „zurückgestellt" werden, und es kann gesagt werden, daß wir „Zeit verlieren". Wenn wir aber nach Osten reisen, um den 180. Längengrad zu überqueren, kommt es zum Verlust eines Tages, der den Gewinn einer ganzen Weltumseglung neutralisiert; und wenn

(72)

wir westwärts reisen und den gleichen Längengrad überqueren, erfahren wir den Gewinn eines Tages, der den Verlust während einer vollständigen Umrundung in dieser Richtung ausgleichen wird. Die Tatsache, Zeit zu verlieren oder Zeit zu gewinnen, wenn man die Welt umsegelt, ist dann, anstatt ein Beweis für die „Rundung" der Erde zu sein, in ihrer praktischen Veranschaulichung ein ewiger Beweis dafür, daß die Erde keine Kugel ist.

„Und was dann?" Was dann! Kein intelligenter Mann wird die Frage stellen; und wer als ein intellektueller Mann bezeichnet werden kann, wird wissen, daß die Demonstration der Tatsache, daß die Erde keine Kugel ist, das großartigste Abwerfen der Ketten der Sklaverei ist, das jemals in der Welt der Literatur oder Wissenschaft stattgefunden hat. Die Schleusen des menschlichen Wissens öffnen sich neu, und der Erforschung und Entdeckung, wo zuvor nur Stagnation, Verwirrung und Träume waren, wird ein Anstoß gegeben! Ist es nichts, zu wissen, daß der Unglaube dem gewaltigen Ansturm des lebendigen Wassers der Wahrheit nicht standhalten kann, das weiter und weiter fließen muß, bis die Welt wieder „zu Ihm, der die Erde über die Wasser erstreckte" aufschaut – „zu Ihm, der große Lichter machte: – die Sonne, um bei Tag – den Mond und die Sterne, um in der Nacht zu herrschen?" Ist es nichts, zu wissen und zu fühlen, daß die Himmelskörper für den Menschen gemacht wurden und daß das monströse Dogma einer Unendlichkeit der Welten für immer gestürzt wird?

Der alteingesessene englische „Family Herald“ vom 25. Juli 1885 sagt in seinem Leitartikel: „Die Umdrehung der Erde um ihre eigene Achse wurde durch das ganze Gewicht der Römischen Kirche gegen Galilei und Kopernikus geleugnet“. Und in einem Artikel über „Den Stolz der Unwissenheit“ ebenfalls! – Der Herausgeber wußte nicht, daß, wenn die Erde eine Achse hätte, die sie ihr „Eigen“ nennen könnte – was sie, wie die Kirche wohl wußte, nicht hatte, und was sie darum nicht zugeben konnte – sie sich nicht darum drehen würde; und daß die theoretische Bewegung auf einer Achse die der Drehung und nicht der Umdrehung ist! Ist es nichts zu wissen, daß „das ganze Gewicht der Römischen Kirche“ in die richtige Richtung zeigte, obwohl es wie ein gigantisches Pendel zurückgeschwungen ist, das bald seine alte Position wiedererlangen wird?

Ist es nichts zu wissen, daß der „Stolz der Unwissenheit“ auf der anderen Seite besteht? Ist es nichts, das zu wissen, mit all den Bradlaughs und Ingersolls der Welt, die uns das Gegenteil erzählen – daß die biblische Wissenschaft wahr ist? Ist es nichts zu wissen, daß wir auf einem ruhenden Körper leben und nicht auf einem Himmelskörper, der auf jede erdenkliche Art und Weise und mit einer Geschwindigkeit, die völlig undenkbar ist, durch den Raum wirbelt und dahinrast? Ist es nichts zu wissen, daß wir unbeweglich in den Himmel blicken können, anstatt überhaupt keinen Himmel zu haben, zu dem wir aufschauen können? Ist es wirklich nichts, sich im hellen Tageslicht der Wahrheit zu befinden und in der Lage zu sein, zu einer möglichen

Vollkommenheit weiterzugehen, anstatt in der Finsternis des Irrtums auf dem rauhen Ozean des Lebens eingehüllt zu sein und uns endlich gestrandet zu sehen – Gott alleine weiß wo?

Baltimore, Maryland, U. S. A., August 1885.

Anhang zur zweiten Ausgabe.

Der folgende Brief war zur Zeit der Drucklegung am 7. Dezember 1885 noch unbeantwortet:

„71 Chew Street, Baltimore, 21. November 1885. R. A. Proctor, Esq., St. Joe, Mo.

Sir: Ich habe Ihnen zwei Exemplare meiner „Hundert Beweise, daß die Erde keine Kugel ist" zugesandt, und da seitdem einige Wochen verstrichen sind und ich nichts von Ihnen gehört habe, schreibe ich Ihnen, um Ihnen mitzuteilen, daß, wenn Sie irgendwelche Bemerkungen bezüglich dieser Veröffentlichung machen möchten und ich sie innerhalb einer Woche oder zehn Tagen vorliegen habe, ich sie in der zweiten Auflage des Pamphlets, die sehr bald verlangt werden wird, abdrucken lasse – wenn Sie das, was Sie sagen, vielleicht in etwa fünf oder sechshundert Wörtern sagen wollen. Gestatten Sie mir, zu erwähnen, daß diese Arbeit Ihnen nicht nur „gewidmet" ist, sondern Ihre Lehren angreift, so daß die Öffentlichkeit sehr bald nach etwas aus Ihrem Stift Ausschau halten wird. Ich hoffe, daß sie nicht enttäuscht werden. Mit freundlichen Grüßen W. Carpenter."

Anhang zur dritten Ausgabe.

Briefkopie von Richard A. Proctor, Esq.
5 Montague Street, Russell Square, London, W. C., 12. Dezember 1885.

W. Carpenter, Esq., Baltimore.

Sehr geehrter Herr, ich bin Ihnen für die Kopie Ihrer „Hundert Beweise, daß die Erde keine Kugel ist" und für die offensichtliche Freundlichkeit Ihrer Absicht, das Werk mir zu widmen, verpflichtet. Die einzige weitere Bemerkung, die mir einfällt, ist, daß ich mich eher als einen Schüler der Astronomie betrachte als ein Astronom. Hochachtungsvoll,

Richard A. Proctor.

P.S. Vielleicht könnte das Pamphlet treffender „Hundert Schwierigkeiten für junge Astronomiestudenten" genannt werden.

Inhalt.